洗净去皮

去皮后

土豆片

薯条

土豆丝

彩图1 土豆的初加工

洋葱去皮切开

去根

沿着洋葱纹理切丝

洋葱切块

洋葱

彩图2 洋葱的初加工

U0350576

去掉外皮

去皮后切块

彩图3 芹菜的初加工

洗净去皮　　　　　　　切片　　　　　　　　切丝

切丁　　　　　　　　钩槽　　　　　　　　切花形

胡萝卜橄榄形

彩图4　胡萝卜的初加工

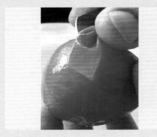

彩图5　番茄的初加工

彩图6　蘑菇的初加工

彩图7　朝鲜蓟的初加工

绿芦笋　　　　　　　　紫芦笋　　　　　　　　白芦笋

彩图8　芦笋的初加工

洗净　　　　　　　　分割1　　　　　　　　分割2

分割3　　　　　　　　连型

彩图9　西蓝花的初加工

压破　　　　　　　　去皮　　　　　　　　切碎

彩图10　大蒜的初加工

牛柳　　　　　　　　西冷牛扒　　　　　　　肉眼牛扒

彩图11　牛肉的初加工

T骨牛扒

牛腩

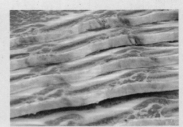
牛仔骨

彩图11（续）

羊柳

羊腿

羊鞍

羊扒

彩图12　羊肉的初加工

彩图13　鸡腿的初加工

彩图14　鸡胸的初加工

彩图15　鸽子的初加工

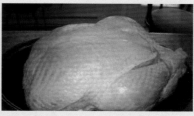

彩图16　火鸡的初加工

彩图17　三文鱼的初加工

彩图18　石斑鱼的初加工

彩图19　吞拿鱼的初加工

刮去鱼鳞　　　　　　　　拉掉表皮　　　　　　　　取鱼柳

彩图20　比目鱼的初加工

彩图21　鳟鱼的初加工

彩图22　龙虾的初加工

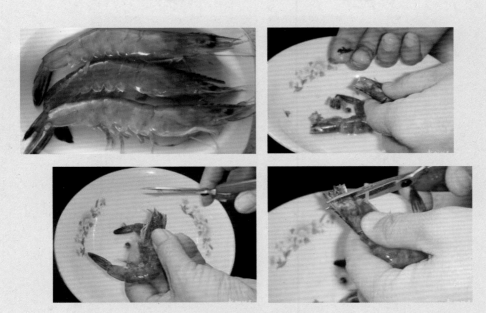

彩图23 大虾的初加工

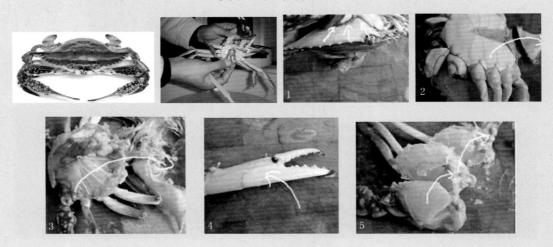

彩图24 蟹的初加工

彩图25 牡蛎的初加工

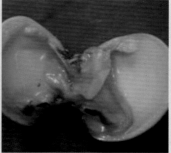

彩图26　蛤蜊的初加工

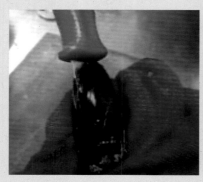

彩图27　青口的初加工

彩图28　扇贝的初加工

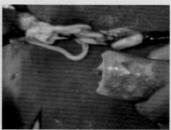

拉出头　　　　　　　　　清洗出内脏　　　　　　　　撕皮

彩图29　鱿鱼的初加工

一成熟

三成熟

五成熟

七成熟

全熟

彩图30　牛肉成熟度的鉴别

彩表　牛羊肉火候程度（煎、扒、烤）

牛羊肉火候程度 （煎、扒、烤）	断面中心 肉色状态	断面中心 状态	中心温度 （最后成菜）	
极生牛扒 (extra rare; cru)	生肉红色， 冷的		46～49℃	115～120 °F
一成熟 (rare; bleu)	中心冷的，肉红色， 柔软状态		52～55℃	125～130 °F
三成熟 (medium rare; saignant)	中心温热的，肉红色， 柔软有弹性状态		55～60℃	130～140 °F
五成熟 (medium; à piont)	中心热的，粉红色， 有弹性状态		60～65℃	140～150 °F
七成熟 (medium well; cuit)	中心带少许 粉红色		65～69℃	150～155 °F
全熟 (well done; bien cuit)	断面呈灰白色，发硬		71～100℃	160～212 °F

"十二五"职业教育国家规划教材
经全国职业教育教材审定委员会审定

职业教育餐饮类专业教材系列

西式烹调工艺

（第二版）

主编 李 晓

副主编 张振宇 刘 雄

参编 朱照华 史汉麟 梁爱华

科学出版社

北 京

内 容 简 介

  本书借鉴国内外西餐职业化教育的教学理念、方法和内容,注重理论和实践相结合,全面、系统地介绍了西餐知识的概况和发展、西餐厨房知识、现代西餐厨房设备与用具、常见西餐原料的加工与应用、西餐调味技术与应用、西式烹调方法与应用、西式宴会设计与应用等西餐专业知识和技能。本书内容丰富,结构严谨,专业性强,是一部指导西餐专业知识学习的教科书。

  本书既可作为餐旅管理与服务类专业职业教育的教材,也可作为西餐专业人员和西餐爱好者的参考书。

图书在版编目(CIP)数据

西式烹调工艺 / 李晓主编. —2 版. —北京:科学出版社,2021.1
 ("十二五"职业教育国家规划教材·职业教育餐饮类专业教材系列)
 ISBN 978-7-03-066970-4

Ⅰ. ①西… Ⅱ. ①李… Ⅲ. ①西式菜肴 - 烹饪 - 高等职业教育 - 教材 Ⅳ. ① TS972.118

中国版本图书馆 CIP 数据核字(2020)第 227797 号

责任编辑:任锋娟 王 琳 / 责任校对:马英菊
责任印刷:吕春珉 / 封面设计:金舵手世纪

科 学 出 版 社 出版
北京东黄城根北街16号
邮政编码:100717
http://www.sciencep.com

三河市骏杰印刷有限公司 印刷
科学出版社发行 各地新华书店经销

*

2016 年 1 月第 一 版 开本:787×1092 1/16
2021 年 1 月第 二 版 印张:12 3/4 插页:5
2024 年 2 月第九次印刷 字数:340 000
定价:58.00 元
(如有印装质量问题,我社负责调换〈骏杰〉)
销售部电话 010-62136230 编辑部电话 010-62135235(VP04)

第二版前言

本书作为"十二五"职业教育国家规划教材，自2016年1月出版以来，收到众多职业院校师生的好评，为了更好地发挥国家规划教材的作用，我们对全书内容做了进一步修订和补充。

近年来，随着我国对外开放政策的实施，经济的快速发展，综合国力明显增强，国际地位和影响力也在不断提升，我国西餐业的发展也有了质的飞跃，因此，国内的西餐餐饮市场迫切需要具备专业西餐基础知识和专业西餐基本技能的新型人才。为加强西餐基础教育课程体系的建设，我们以《西式烹调工艺》的理论知识结构为支撑，成功申报了四川省精品资源共享课"西餐工艺与西菜制作"，并建设了该课程的省级精品在线开放课程平台，录制了书中相关知识点的全程授课录像，制作了对应的相关知识点的课程课件，经过编辑后以二维码的形式放入本书的知识点旁；同时修改了书中的一些不足之处，更新了新的知识点，使本书更加符合当前社会发展的新趋势和西餐烹调工艺基础教育的需求。

第二版坚持第一版既有的指导思想，以满足各类院校和培训机构对西餐烹调工艺基础知识结构和技能培训的教学需要。希望广大读者对本书的不足给予积极的建议和指正，我们将努力把修订工作做得更好。

本书由李晓担任主编负责教材提纲的设计、总纂和统稿工作。张振宇、刘雄担任副主编。各章节编写人员如下。

四川旅游学院食品科学系李晓编写第五章、第六章；四川旅游学院食品科学系梁爱华编写第一章第一节；四川旅游学院食品科学系张振宇编写第四章；南宁职业技术学院朱照华编写第一章第二节、第三节和第二章；青岛新南国际度假酒店总经理史汉麟编写第七章；重庆市现代职业技师学院刘雄编写第三章。

在编写过程中，编者参考了许多相关资料，在此向有关作者表示诚挚的感谢。

由于编者水平有限，难免存在疏漏和不足之处，敬请读者批评指正。

第一版前言

随着我国人民生活水平的日益提高和中西文化的不断交融，西餐在国内普及的程度越来越高，人们已经开始习惯了享受西餐带来的温馨、浪漫和精致的格调，可以看出，西餐已经成为一种社会流行的时尚餐饮趋势。

为适应时代发展的需要，满足人们了解西餐、学习西餐菜肴制作工艺的需求，同时为各职业院校的"西餐工艺"教学提供专业的指导书籍，我们有针对性地组织编写了《西式烹调工艺》与《西式烹调实训》职业教育系列教材。本书被列为"十二五"职业教育国家规划教材。

本系列教材在坚持科学性和系统性的前提下，具有非常鲜明的特色，注重理论和实践的结合，将传统西餐烹饪教学分为"西式烹调工艺"理论知识课程教学模块和"西式烹调实训"实践应用课程教学模块两大体系。

其中，"西式烹调工艺"与"西式烹调实训"这两门课程的教学和教材体系是相辅相成、互为递进、补充的关系。通常相关烹饪专业学生在入学后经过一学期系统地学习"西式烹调工艺"课程以后，再通过一学年的时间来完成"西式烹调实训"课程的学习。

相关教学模式建议如下。

1. "西式烹调工艺"课程的教学对象

本课程适用于从事食品、烹饪、餐饮服务等相关专业的大中专职业院校学生。

2. "西式烹调工艺"课程的教学目的

通过对西餐基础的应知应会知识和技能的介绍、讲授和展示，使学生掌握西餐的基本制作理论和技能，从而为西餐菜肴制作的学习奠定基础。

3. "西式烹调工艺"课程的教学内容

（1）西餐的概念、特点和流派等基础知识介绍。
（2）与西餐行业中相对应的西餐厨房岗位设置和职责的任务分解。
（3）西餐厨房设备与用具。
（4）西餐原料加工与应用。
（5）西餐调味技术与应用。
（6）西餐烹调方法与应用。
（7）西式宴会设计与应用等。

通过这些模块的学习，学生可了解并掌握西餐的基础内涵，开始对西餐制作技术逐步熟悉并掌握。

4. "西式烹调工艺"课程的教学学时安排建议

根据不同专业的需要，本课程课时安排具有一定的灵活性。若针对烹饪专业的学生，建议使用一个学期80课时的时间来进行教学，其中理论教学58学时，操作22学时。具体分布见下表：

章节	理论讲授 / 学时	实践展示操作（示范和实习）/ 学时
第一章 西式烹调工艺概述	6	—
第二章 西餐厨房知识概述	4	—
第三章 现代西餐厨房设备与用具	4	—
第四章 常见西餐原料的加工与应用	12	6
第五章 西餐调味技术与应用	12	6
第六章 西式烹调方法与应用	12	6
第七章 西式宴会设计与应用	8	4

5. "西式烹调工艺"课程教学中学生需掌握的拓展知识

1）必备知识与技能
（1）中、西餐原料学知识。
（2）西餐专业英语知识技能。
（3）厨师职业规范知识与技能。
（4）食品安全知识。
（5）厨房消防安全知识与技能。
2）选修知识与技能
（1）中、西餐饮食文化知识。
（2）HACCP食品安全管理体系在餐饮业的应用。
（3）西餐专业法语知识技能。
（4）西餐餐台服务与礼仪。
（5）烹饪艺术与美化。
（6）食品营养学知识。

本书编写中，注重课程教学目标的定位和建设，包括课程教育教学目标定位，与高职高专专业人才培养的目标相契合。注重教学方法的多样性，以任务驱动为教学手段，重视对教学资源的合理使用和维护，加强课程教学和实训的目标效果，重视学生独立实践和应用应变能力，体现了现代西式烹调教学注重高质量技能型人才和高端技能型人才培养的原则。

本书编者既有长期从事教学工作，具有丰富高等院校专业教学经验的教师，也有从事酒店管理工作有着丰富饮行业经营管理经验的酒店管理人员。他们多次出访法国、美国、日本等酒店、餐厅，和当地的餐饮企业交流学习，或在那里的院校留学，具备良好的管理技术、企业经营能力和较高的教学水平。因此与同类型的国内书籍比较，本书具有较强的理论性和实用性。

本书作为"十二五"职业教育国家规划教材,既可以以教学为主,适用于广大职业院校餐旅管理与服务类专业学生,也可以作为成人教育等有关职业培训的教材和参考书,同时也可以作为西餐从业人员、家庭主妇及西餐爱好者的参考图书。

本书由李晓担任主编负责教材提纲的设计、总纂和统稿工作。梁爱华、朱照华、张振宇担任副主编。各章节编写人员如下:

四川旅游学院食品科学系李晓编写第五章、第六章;四川旅游学院食品科学系梁爱华编写第一章第一节;四川旅游学院食品科学系张振宇编写第四章;南宁职业技术学院朱照华编写第一章第二节、第三节和第二章;青岛新南国际度假酒店总经理史汉麟编写第七章;重庆市现代职业技师学院刘雄编写第三章。

本书中的多项内容来源于四川省教育厅2014年度自然科学科研项目课题"新型披萨酱的研发和应用研究"(14ZB0298),特此感谢。

在编写过程中,编者参考了许多相关资料,在此向所选用资料的原作者表示诚挚的感谢。

本书在编写中得到了成都毓秀苑宾馆总经理赵艳斌女士,法属塔希提酒店管理学院西餐教授、让·雅克教授等专业人士的指导和帮助,特此表示感谢!

由于编写时间仓促,受编者水平所限,书中难免存在疏漏和不足之处,敬请专家、同行和广大读者批评指正,不胜感谢。

目 录

第一章

西式烹调工艺概述

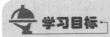

学习目标

　　学习并了解西餐的概念，理解西式烹调与中式烹调的区别与联系。

　　熟悉并掌握西式烹调的特点；学习并掌握各国的饮食民俗和烹调特点，为进一步学习西餐专业知识打下坚实的基础。

西餐概述

　　近年来，西餐以其科学的营养搭配、浪漫的就餐环境、奇特的饮食风味、浓烈的异国情调，越来越为中国民众所了解和接受，它不仅丰富了人们的日常饮食生活，也逐渐成为城市饮食文化的新元素，与中餐饮食文化相互交融，成为中国庞大的餐饮经济的重要组成部分。

第一节　西式烹调的特点

　　西餐（western food），从广义上讲，是中国和其他东方各国人民对西方各国菜点的统称。这里的"西方"，习惯是指欧洲国家和地区，以及以这些国家和地区为主要移民的北美洲、南美洲和大洋洲的广大区域；从狭义上来说，西餐是由拉丁语系的国家和地区的菜点组成。由此可知，西餐是指西方各国的菜点。如今很多餐饮从业人员也习惯把日本料理、韩国料理、泰国菜等划归在西餐的范畴，因此西餐的含义更宽泛了。

西餐的概念

　　西式烹调是指西式菜点的烹调制作工艺。由于西式菜点的类型各不相同，风味特色也千差万别，其西式烹调方式有以下特点。

西餐的起源与发展

一、所用原料的特点

1. 选料严谨

　　西式烹调对原料的选择十分严谨，追求原料品质。例如，畜类原料以牛肉、羊肉和水产品为主，配以各种蔬菜、水果等。还如，"T-bone steak"是指牛外脊中带 T 形骨头的一小段；禽类一般情况下只用腿部与胸部；鱼类通常要斩头去尾，剥皮剔骨。

2. 讲究新鲜

西式烹调中很多原料是生食的，如各种生菜、蛋黄酱、牡蛎、三文鱼等。牛肉、羊肉可根据食客的要求制成不同的成熟度，这就要求原料必须新鲜，符合国家食品安全标准，不能有任何变质、变味的现象。

3. 擅用乳制品和各种香料

西式烹调，不管是从菜肴到点心，从冷菜到热菜，都大量使用乳制品，如牛奶、奶酪、奶油、酸奶油等，使得西式菜点具有一种特殊而独有的奶香味。西式烹调中常用的香料有数十种，如香叶、百里香、迷迭香、鼠尾草、龙蒿、藏红花、罗勒、莳萝、薄荷、丁香、胡椒、芥末等。不同的菜肴需使用不同的香料，有时同一道菜肴还用多种香料综合调味，以使香味更加突出。

二、初加工和刀工的特点

1. 刀具种类繁多

西式烹调的刀具种类繁多，在初加工操作时会根据原料的不同性质选择不同的刀具，如剔鱼骨有专门的剔鱼刀，剔肉骨有专门的剔骨刀，切蔬菜有专门的蔬菜刀，撬牡蛎有专门的牡蛎刀等，以达到方便快捷的操作目的。

2. 刀工精细、刀法简洁

西式烹调的刀工处理比较简单，刀法和原料成形的规格相对较少。刀工成形以块、条、片、丁为主，原料通常都加工成大块、大片，单份菜肴的主料重量通常为150～250克。除此以外，还可将原料保持整个形状，即整块烹调，如烤火鸡、扒牛柳、烤猪柳等。刀工成形的要求为：刀工处理后的原料形状整齐一致、干净利落，落刀成材、物尽其用。

3. 加工技术现代化

西式烹调除了刀具多样化外，还借助现代化设备进行加工，以提高劳动效率，降低劳动成本，使原料成形规格统一，如切片机、锯骨机、和面机、切碎机、万能蒸烤箱等现代设备。

三、烹调方式的特点

1. 烹调方法独特

西式烹调除了选用常规的烹调方法外，还有一些特殊的烹调方法，如铁扒、焗烤、暗火烤、焙烤、焖、烩、煎、炸、煮、蒸等，尤以铁扒最为典型。因而，传统的西餐厅也被称为"扒房"。铁扒的烹调方法能使原料表面快速受热脱水而焦化，形成焦黄色的外皮，产生浓郁的焦香味。

2. 烹调擅于用酒

在烹调菜肴时，加入适宜的酒能产生特殊的酒香味，丰富菜肴的口味。在西式烹调中常用的酒有各种葡萄酒、白兰地、朗姆酒、啤酒、香槟酒等。特别是法国菜，尤其讲究酒的运用，不同的原料使用不同的酒进行烹制。例如，红葡萄酒、雪利酒常用于畜肉等深色肉类原料的烹调；白葡萄酒、白兰地常用于水产品类等浅色原料的烹调；朗姆酒、利口酒则常用于制作餐后甜点等。

3. 主料、配菜分别制作

西式菜点的主料、配菜通常不是一起放入锅内烹调成菜的，而是先分别烹制后，再将烹制好的主料和配菜组合摆放在同一餐盘中成菜。例如，一份西冷牛排，主料牛排在扒炉上扒制，配菜蔬菜在锅内炒制，最后分别装入同一个餐盘中，组合成一道完整的菜肴。

4. 注重少司制作

少司，即调味汁，是西式菜点的重要组成部分，是西式菜点的灵魂。少司制作是西式烹调的重要技术之一，一般不与主料、配菜一起制作。成菜装盘时，淋于主料上，或者盛入少司盅内与菜肴一同上桌。西式烹调的调味一般分为烹调前调味、烹调中调味、烹调后调味。西式烹调制作更注重烹调后调味，各式各样的少司，其作用即是用于烹调后调味。

四、装盘的特点

1. 造型美观、协调，主料和配菜层次分明

西餐装盘强调组成菜肴的各原料之间的主次关系，主料与配菜层次分明、和谐统一。在菜肴装盘的造型上，主要是利用点、线、面等几何造型的方法，追求简洁明快的装盘效果。

西餐装盘除了在平面上表现外，也常在立体形状上进行造型，这是西餐装盘的一大特色。除了平面、立体的造型外，西餐装盘也讲究用破规、变异的形式进行呈现。通过对菜肴原料的组合，形成一种既像非像的造型，从而进一步引起食客的关注，留下广阔的想象空间。

2. 以可食用的原材料为盘饰料

西餐装盘的盘饰料，基本都是使用天然、可食用的蔬菜、花草等。在装盘点缀上，遵从点到为止的装饰理念。用量少而精，盘饰料仅起点缀作用，以不掩盖菜肴本质为佳。

五、上菜服务的特点

1. 就餐形式多样

西餐的就餐形式包括正式宴会、冷餐酒会、鸡尾酒会、自助餐、零点点餐、套餐、

快餐等，各具特点。不同的就餐形式为食客提供多种选择，以适应和满足不同场合、不同要求、不同人士的就餐需要。

2. 餐具讲究样式

西餐以刀、叉、匙为主要的就餐工具，并且每道菜均有相应的餐具，特殊菜肴则配专用的餐具。餐桌则以方桌、长桌为主。

3. 讲究上菜顺序

西餐用餐人群对菜肴的种类和上菜的道数有着不同的习惯，通常这些习惯是根据食客的不同年龄、不同地区、不同职业、不同饮食爱好、不同就餐目的等来决定的。

传统欧美人士就餐讲究菜肴的道数，尤其在正餐上，平时就餐时通常是三至四道菜肴，在隆重的交际场合是五道或更多。但现代欧美人士平时就餐时对菜肴的道数不讲究，只有在隆重的交际场合中才讲究菜肴的道数。

通常，三道菜肴组成的正餐，第一道菜肴是开胃菜，第二道菜肴是主菜，第三道菜肴是甜点。如果开胃菜点了两道，一道冷的开胃菜和一道热的开胃菜或汤菜，再加上主菜和甜点，便组成了四道菜肴的正餐。

西餐的上菜顺序，通常是开胃菜（appetizer）、汤菜（soup）、副菜（entrée）或鱼菜（fish）、主菜（畜肉类或禽类）（main course）、甜点（dessert）。有时在副菜和主菜之间安排一道雪芭（sorbet），以清洁口腔，从而更好地品尝主菜；有时也在主菜和甜点之间加一道芝士，以增加营养。

4. 讲究酒水搭配

西餐对酒水的搭配非常讲究。正式就餐前有开胃酒；餐中有佐餐酒，以葡萄酒为主，水产等清淡鲜美的菜肴配白葡萄酒，牛肉等味浓的菜肴配红葡萄酒；餐后还可以酌有甜酒。

5. 讲究就餐仪礼

西餐就餐强调就餐环境宁静、优雅、温馨、浪漫。就餐礼仪要求繁多，在着装、仪态、问候、言谈举止、点菜、用餐、敬酒、喝茶、道谢、告别等方面都有严格的要求。

六、营养和卫生的特点

1. 原料搭配合理

西式烹调讲究原料之间的合理搭配，注重选用营养丰富的原料，使菜肴营养丰富而全面。

2. 营养素损失少

一般来说，烹调原料切得越细，对原料的破坏越大，汁液流失得越多，营养素损失也越多。西式烹调大多使用大块或整只、整条的原料进行加工制作，可以有效地减少原料在切配、清洗、加工烹调过程中营养的损失。

3. 讲究生食和嫩食

西式烹调首先考虑的是菜肴的营养，其次才是味道和色泽。从有利于人体健康的角度考量，西餐中生食和嫩食的情况较多。

牛和羊是纯食草性动物，肉里的寄生虫、细菌含量少，并且牛肉、羊肉在嫩食时都附以消毒杀菌的调料，因而嫩食时不会危害健康。西式烹调中蔬菜生食的场合也较多，以生菜、黄瓜、番茄、洋葱、西芹、紫椰菜等最为常见。

4. 就餐方式卫生

西餐就餐采用的是每人一份的分餐制，避免了共餐制交叉污染的可能性。同时，用刀、叉、匙作为进餐工具，而且是一道菜一套餐具，吃一道菜换一套餐具，以保证每道菜肴独自的味道，避免串味。

第二节　西式烹调的分类与特色

随着社会发展和文化交流的日益频繁，各国的菜肴也在不断地相互学习、借鉴和融合。但由于历史文化、民族风俗、宗教信仰、地理环境、自然气候、原料物产、饮食习惯等因素，各个国家的菜肴，仍存在较大差异，烹调制作工艺也各具特色，现在简介如下。

西餐烹调的特点

一、意式烹调的特色

意大利是历史悠久的文明古国，也是古罗马文明和欧洲文艺复兴的发源地，其餐饮文化也非常发达，影响了欧洲大部分国家和地区，被誉为"欧洲大陆烹调之始祖"，意式烹调是西式烹调的重要代表之一。

西餐分类

1. 意大利人的餐饮习俗

通常意大利式正餐的上菜顺序是，第一为香槟等开胃酒；第二为前餐（即冷盘），一般是香肠、生火腿片与甜瓜，或是橄榄、鱿鱼片等水产品；第三为两道正餐，有面条、肉或鱼等；之后品尝甜点或蛋糕、水果、冰淇淋等；第四为一杯咖啡和一小杯有助消化的烈性酒。

用餐时，刀叉等餐具不能发出响声，并要按照由外向里的顺序用刀叉。进食时，要小口进食或喝汤，以免发出声响。吃意大利细面条（spaghetti）时，要将面条卷在叉子上吃，这一点是有别于中餐面条的吃法的。

意大利的咖啡有三种：浓香咖啡（espresso）、奶沫咖啡（cappuccino）和加奶咖啡（cafe latte）。其中浓香咖啡和奶沫咖啡是意大利餐桌上的精品，也是风靡全球的饮料。喝咖啡时，加糖后需用小勺搅拌一下，将勺放在碟上，然后才可用杯子喝咖啡，切不可

用勺喝咖啡。

2. 地理环境优越、烹调食材丰富

意大利位于欧洲南部，包括亚平宁半岛及西西里、萨丁等岛屿，三面临海，海岸线全长约 7200 多公里，地理位置十分优越，物产富饶，各种时蔬瓜果、动物性原料、鱼虾贝类海产品，以及葡萄酒、意大利黑醋、橄榄油、萨拉米肠、奶酪、面食等特色原材料为烹调提供了非常丰富的原材料。

意大利的橄榄资源丰富，在不同地区出产不同色泽的橄榄油，一般有青绿色和金黄色两种。

意大利还生产闻名于世的醋，其中以黑醋最为著名。黑醋制作时，先将 100 升优质意大利酒醋装入优质的橡木或樱桃木制作的木桶内，在长时间的陈酿过程中，酒醋与木桶的香味相互作用、相互混合，水分自然蒸发，酒醋自然浓缩，最终酿成有着浓郁香味的黑醋。通常 100 升原汁酒醋，需经过 20 年的陈酿，最终只得到 1 升黑醋成品。

意大利奶酪也是世界闻名。

萨拉米肠是意大利的著名烹调原料之一，有几百个品种，常用于意大利菜的冷盘、开胃菜及比萨中。

白松露具有特殊浓郁的香味，其价格昂贵，是西式烹调的珍贵原料，仅生长在意大利北部的埃蒙特地区。

意大利的葡萄酒产量巨大，北部的埃蒙特及南部的托斯卡纳均盛产优质的红葡萄酒，东北部的威尼斯则盛产优质的白葡萄酒。

3. 注重火候，讲究原汁原味

意大利菜以香烂味浓、原汁原味闻名。由于原料的新鲜上乘，简单的烹调方法就能充分发挥原材料的色、香、味。制法常用炒、煎、炸、煮、红烩或红焖，调味通常使用番茄酱、柠檬、酒类、阿里根奴及帕玛森奶酪，喜加蒜蓉和干辣椒，略带小辣，很多菜肴要求烹制成五成到七成熟即可，重视口感，以略硬而有弹性为佳，形成醇浓、香鲜、断生、原汁、微辣、硬韧的特色。

4. 以米面做菜，花样繁多，口味丰富

以米、面做菜是意大利菜肴最显著的特点，米、面菜点有上千个品种，而且风味各异，如著名的有意大利面、比萨饼等。

意大利菜中最著名的烹调原料当属意大利面。相传，意大利面是 13 世纪由意大利人马可·波罗经丝绸之路从中国带入意大利的。据统计，意大利每年产的意大利面超过 200 万吨，其中 90% 内销。意大利面的形状、颜色多达数百种，琳琅满目，丰富至极。斜状的意大利面是为了让酱汁进入面管中，而有条纹状的意大利面有助于酱汁留在面条表层。意大利面的颜色代表了其添加了不同的原料，所有颜色皆取自自然食材，而不是人工色素。例如，红色面是添加了红甜椒或甜椒根；黄色面是添加了番红花蕊或南瓜；绿色面是添加了菠菜；黑色面堪称最具视觉冲击力，添加的是墨鱼的墨汁。

5. 地域差异造就地方风味流派

虽然意大利菜在总体上具有原料新鲜、原汁原味、烹调简洁、菜式传统的特点，但由于各地区的历史、地理、文化、风俗和气候等差异，使得各地区的饮食习惯有较大的不同。按照各地特产和菜式风格的不同特点，意大利菜可以分为四个派系。

（1）北意大利菜系。意大利北部接近法国南部的普罗旺斯，其烹调方法及选料与普罗旺斯很相似。意大利北部的土地肥沃，造就了繁荣的农业和畜牧业，著名特产包括白松露、白芦笋、萨拉米香肠。北意大利面食的主要材料是面粉和鸡蛋，尤以宽面条及千层面最著名。此外，北部盛产中长稻米，适合烹调意式烩饭，喜欢采用黄油烹调菜肴。

（2）中意大利菜系。中意大利菜系以托斯卡纳和拉齐奥两个地方为代表，特产托斯卡纳牛肉、朝鲜蓟和柏高连奴干酪。

（3）南意大利菜系。意大利南部特产包括榛子、番茄、马苏里拉芝士、佛手柑油和宝仙尼菌。面食的主要材料是硬麦粉、盐和水，其中包括通心粉、意大利粉和车轮粉等，更喜欢用橄榄油烹调菜肴，擅用香草、香料和水产品入菜。

（4）小岛菜系。意大利小岛菜以西西里为代表，菜式风格深受阿拉伯地区的饮食风味影响，食风有别于意大利的其他地区，仍然以水产品、蔬菜及各类干面食为主，特产有盐渍干鱼子和血柑橘。

6. 意大利菜的代表菜肴

意大利菜的代表菜肴有比萨饼、意大利肉酱面、番茄汁意大利面、米兰式炸牛排、意大利蔬菜汤、提拉米苏蛋糕等。

二、法式烹调的特色

法国是欧洲的工业大国，优越的地理环境使法国拥有丰富的农业资源，粮食和肉类除自给外还能出口。法国的葡萄酒、香槟酒、白兰地及奶酪等都闻名于世。

法国的烹调艺术和饮食文化有着古老、悠久的历史。从 16 世纪开始，法国国王亨利二世、路易十四、路易十五、路易十六等统治者都非常崇尚宫廷豪华宴饮。上行下效，法国的饮食业一直处于欧洲领先水平，促进了法式烹调的不断发展。法国是美食家的天堂，一直到今天，法国菜仍然是西式烹调中重要的风味流派之一，被誉为"西式烹调之冠"。

西餐烹调的主要流派（上）

1. 法国人的饮食习俗

法国人的就餐礼仪已经成为西方宴会的经典模式。正餐或宴请通常需要 2~3 小时，有六道或更多的菜肴，通常包括开胃菜、汤菜、水产品主菜或畜肉主菜、沙拉、奶酪、甜点、水果。酒水包括果汁、咖啡、开胃酒、佐餐酒、餐后酒等。法国人喜欢与朋友坐在餐桌旁，一边用餐，一边谈论感兴趣的事情，特别喜欢谈论与美食相关的话题。

法国人用餐时一般用长方形餐桌，男女主人各坐餐桌两头，家中其他成员或食客在餐桌两旁按从女主人一侧向男主人一侧重要程度递减方式排列，餐具使用各种不同形状的刀、叉子和勺子；用餐盘就餐，桌面上只能保留一道菜，撤去前一道餐盘才能上第二道菜肴。餐具根据用餐情况全部摆放到就餐人餐盘两侧，从外到里使用。一般第一道菜是开胃菜，然后是汤菜，接着才是主菜和沙拉，最后是甜点，面包可随时取用，其面包的消耗量比英国人、美国人多。法国人餐前要喝利口酒，消耗葡萄酒较多，几乎每餐必备。餐中类水产和禽类菜配干白葡萄酒，畜肉类菜配干红葡萄酒。

现代法式菜比传统高卢菜、法国贵族菜更加朴实、清新，更富有创造性和艺术内涵。法国人每天的早餐比较清淡，喜欢欧陆式早餐（continental breakfast）。早餐品种通常有面包、黄油、果酱和各种冷热饮料。午餐时间通常是 12:00 至 14:00，午餐品种通常有面包、汤菜、肉类菜肴和蔬菜、水果等，并且喜欢到咖啡厅就餐，不喜欢快餐。法国人很讲究晚上的正餐，正餐通常在 20:00 或更晚的时间，晚餐的品种通常有开胃菜、汤菜、水产品主菜、带有蔬菜和调味汁的肉类菜肴、沙拉、甜点、面包和黄油、不带牛奶的咖啡等。

2. 烹调发展历程多样

法国地域辽阔，历史文化传承悠久，按烹调风格划分，法式烹调可分为三大主流派系。

（1）古典法国菜系（classic cuisine/haute cuisine），源自法国大革命前皇亲贵族流行的菜肴，后来经由法国名厨 Escoffier 区分类别。古典法国菜系的主厨手艺精湛，选料必须是品质最好的，常用的食材包括龙虾、牡蛎、肉排和香槟，多以酒及面粉为酱汁基础，再经过浓缩而成，口感丰富浓郁，多以黄油或奶油润饰酱汁、增稠调味。

（2）家常法国菜系（bourgeoise cuisine），源自法国历代平民传统烹调方式，选料新鲜，做法简单，也是家庭式的菜肴，在 1950～1970 年最为流行。

（3）新派法国菜系（nouvelle cuisine），自 20 世纪 70 年代兴起，由保罗·博古斯倡导，在 1973 年以后极为流行。新派法国菜系在烹调上使用名贵材料，着重原汁原味、材料新鲜，菜式多以瓷碟个别盛装，口味调配得清淡。在 20 世纪 90 年代后，人们注重健康，由米歇尔·格拉德倡导的健康法国菜（minceur cuisine）大行其道，采用简单直接的烹调方法，减少使用油；而酱汁多用原肉汁调制，以奶酪代替奶油调稠汁液，浓味增香。

3. 选料广泛、讲究新鲜、喜用乳制品

一般来说西式烹调在选料上的局限性较大，而法式烹调的选料却很广泛。法国菜用料新鲜精细，讲究色、香、味、形的配合，花式品种繁多，重用牛肉、蔬菜、禽类、水产品和水果，特别擅长使用蜗牛、黑菌、蘑菇、芦笋、洋百合和龙虾等食材。

4. 烹调讲究，方法多样

法国菜的烹调方法众多，包括了西式烹调中大部分的烹调方法。一般常用的如煎、炒、烩、焖、煮、罐焖、焙烤、焗烤、铁扒、蒸等。

法式烹调对菜肴的品质要求十分严格。在菜肴制作中，每一个工艺都要求精益求精。在原料选择、食材搭配、火候运用、烹调时间等环节都有明确的标准。在烹调过程中，注重保持原汁原味的风味，突出营养和健康的特色。菜肴口味调配以清淡为主，色彩偏重于食材本色的搭配，以淡雅、高贵的格调展现法国菜的独特魅力，如三文鱼、牡蛎可生吃，烤牛排、烤羊腿五成熟至七成熟即可食用。

5. 注重少司的制作，烹调时善于用酒和香料

法式烹调用科学的方法将众多少司进行分类，形成了一个系统的调味体系。少司是西式菜点的调味汁，西式菜点的风味大部分取决于少司的味道，而少司制作是法式烹调调味的关键。

法式烹调中非常注重对酒的运用，酒成为法国菜常用的烹调原料，如香槟酒、红葡萄酒、白葡萄酒、朗姆酒、雪利酒、白兰地等。酒的选用也非常讲究，不同类型的菜肴选用不同的酒，如制作甜点常用朗姆酒，水产品用白葡萄酒或白兰地，牛肉使用红葡萄酒。不同品种的酒与不同的原料搭配，从而产生不同的滋味。

法国香料很多，烹调时喜欢加入不同的香料，以增加菜点的风味，提升菜点的魅力，丰富菜点的口感与品种。

6. 法国菜的代表菜肴

法国菜的代表菜肴有法式煎鹅肝、法式焗蜗牛、鹅肝酱、洋葱汤、白汁烩小牛肉、烤羊鞍、香煎龙利鱼配黄油汁、马赛鱼汤、法式烩土豆、红酒焖牛肉等。

三、英式烹调的特色

公元 1066 年，法国诺曼底公爵威廉继承英国王位后，给英国带去了法国和意大利的饮食文化，为英国菜的发展打下了基础。英国农业不是很发达，因而不能像法国人那样崇尚美食，制作的菜肴比较简单，连英国人都自嘲不擅烹调。但英国人习惯于清晨起床前喝杯浓茶，有喝"被窝茶"的习惯。

西餐烹调的主要流派（下）

1. 英国人的饮食习俗

英国传统早餐非常丰富，素有"大早餐"（big breakfast）的称谓，主要品种有燕麦片牛奶粥、面包片、煎鸡蛋、水煮蛋、煎培根、黄油、果酱、烤面包、火腿片、香肠、红茶、咖啡、烩水果等。午餐相对简单，一般一汤、一菜、一水果或点心即可。下午有喝下午茶的习惯，一般 15:00 吃一些茶点，饮用一些饮料、咖啡等。晚餐则是一日中的主餐，注重家庭氛围，其原料根植于家庭菜肴。如果原料是家生、家养、家制时，家庭菜肴可实现最佳风味，具有"家庭美肴"的美称。

英国的饭菜简单，但是吃饭的规矩复杂，吃饭时身体要坐直，不能与别人不停地交谈，不论吃什么东西，都不能弄出声响，每个人不能把自己使用的汤匙留在汤盆、咖啡杯或其他菜盘上。汤匙应放在汤盆的托碟上，咖啡匙要放在茶托上。喝汤时不能出响声，用汤匙喝汤时要用汤匙的一侧从里向外舀，不能用匙头舀，更不能端着汤盆把盆底

 烹调工艺（第二版）

剩的汤全喝光。

每餐一般只上一道主菜和沙拉，最后上一道甜点。如果食客没有吃饱，可向女主人夸赞她做的美味，并再要点鸡、牛排或其他菜，女主人会多加一份菜给他，但从不再多加。吃完饭，食客要将餐巾放在餐桌上，然后站起来。男士要帮女士挪开椅子。如果主人还要留食客再吃一顿饭，餐巾可按原来的折痕折好。用餐后，食客要坐上一两个小时，方可向主人道别。

2. 选料局限，烹调简单

英国菜选料的局限性比较大，英国虽是岛国，但由于渔场水产品质量不是很好，英国人不讲究吃水产品，反而比较偏爱牛肉、羊肉、禽类、蔬菜等。

在烹调上喜用煮、烤、铁扒、煎等方法，菜肴制作大都比较简单，畜肉类、禽类等也大都大块或整只烹制。

3. 调味简单，口味清淡

英式菜调味比较简单，主要以黄油、奶油、盐、胡椒粉等为主，较少使用香草和酒调味，菜肴口味清淡，油少不腻，尽可能保持原料原有的味道。喜欢将调味品放在桌上供食客选用，如盐、胡椒粉、伍斯特郡辣酱油、醋、芥末、番茄沙司等。

4. 英国菜的代表菜肴

英国菜的代表菜肴有英格兰煎牛扒、英格兰烤羊肉、煎羊排配薄荷汁、土豆烩羊肉、烧鹅、牛尾汤、三明治、约克郡布丁等。

四、美式烹调的特色

美国位于北美洲大陆中部，东濒大西洋，西临太平洋，大部分地区属大陆性气候，南部属亚热带气候。美国地域辽阔，雨量充沛，土地肥沃，河流湖泊众多，为美国饮食文化的形成和发展提供了物质基础。现在美国菜主要是在英国菜的基础上发展而来的，同时糅合了印第安人及法、意、德等国家烹调的精华，兼收并蓄，形成了自己特有的餐饮文化。

1. 美国人的饮食习俗

1863 年，美国总统林肯宣布每年 11 月的第四个星期四为感恩节。感恩节的庆祝模式许多年来从未改变。其丰盛的家宴早在几个月之前就开始着手准备。人们在餐桌上可以吃到苹果、橘子、栗子、胡桃和葡萄，还有葡萄干布丁、碎肉馅饼、各种其他食材及红莓苔汁和鲜果汁。其中最妙和最吸引人的大菜是烤火鸡和南瓜馅饼，它一直是感恩节中最富于传统和最受人喜爱的菜肴。

2. 喜欢用水果做菜，口味清淡

美国地大物博，物产富饶，盛产水果，喜欢用水果做菜，如用苹果、香蕉、菠萝、

10

梨等制作沙拉，口味清淡、清甜爽口；热菜中也加入水果，如菠萝焗火腿、苹果烤火鸡、炸香蕉，咸里带甜，别具特色。

现代美国菜逐渐从传统的咸鲜、甜口味过渡到清淡、生鲜，如在原料上，传统调味的奶油改用脱脂奶油，做生菜沙拉也不再用马乃司少司等。

3. 注重营养，合理搭配

美国菜注重菜肴的营养搭配，针对不同人群制作不同的营养配餐在美国饮食文化的发展中已经非常普及。时至今日，美国菜流行低脂肪、低胆固醇的菜肴，肉类和高脂肪的菜肴相对减少，水产品和蔬菜等消费量与日俱增，甚至出现了一部分素食主义者。

4. 制作工艺简单，快餐食品发展迅速

由于美国经济比较发达，人们工作、生活节奏加快，快餐业在美国得到了迅速的发展，并很快影响到世界各地的餐饮业。快餐食品在美国菜中已占据了重要的一席之地。

5. 美国菜的代表菜肴

美国菜的代表菜肴有华尔道夫沙拉、汉堡、烤火鸡、菠萝火腿扒、苹果派等。

五、俄式烹调的特色

俄罗斯横跨欧亚大陆，地域广阔，人口大都集中在欧洲部分，绝大多数人信奉俄罗斯东正教；大部分地区处于北温带，以大陆性气候为主，冬天漫长严寒，夏秋季节较短。俄罗斯的畜牧业较发达，乳制品的生产量较大。俄罗斯的伏特加酒、鱼子酱闻名于世。

15世纪末16世纪初，以莫斯科为中心的俄罗斯统一后，俄罗斯的饮食文化得以发展。尤其是到了沙皇彼得大帝时期，俄罗斯全面接受西欧文化，在饮食文化方面，崇尚法国，所以受法式菜影响较大。除此之外，俄式菜在其形成的过程中，还不断借鉴欧洲其他国家饮食的优良传统和特色，并结合俄罗斯的物产和饮食文化，逐渐形成了颇具特色的俄式菜。

1. 俄罗斯人的饮食习俗

俄罗斯人的饮食比较简单，分斋戒的和荤的两种五大类：面食、奶类、肉食、鱼类、植物类。俄罗斯人喜欢吃黑面包，对普通百姓来说，用麦面粉制作圣饼和白面包常常是节日的美食。

俄罗斯的一种特色菜肴是大馅饼，用发酵或没发酵过的面团加馅烤制而成。根据重量的不同，大的称作大馅饼，小的称作小馅饼。在荤日，俄罗斯人用羊肉、牛肉、兔肉等作馅；在谢肉节期间用奶渣和鸡蛋作馅。在斋日用松乳菇、豌豆、芜菁、白菜、植物油作馅制作馅饼。烤制甜馅饼时，以葡萄干、干果等作馅。

传统的俄罗斯美食大餐通常有三道菜：第一道是汤菜，第二道是热菜，第三道是甜点及饮品类。而在这三道菜之前，按照俄罗斯风俗，要先上冷菜。

俄罗斯冷菜品种丰富多样，包括沙拉、杂拌凉菜、畜肉冷盘、禽冷盘、鱼冷盘、鱼

冻、肉冻、鸡蛋冷盘、青菜酱、鱼泥、肉泥及各种加味黄油，其中的黑鱼子酱广为人知。俄式菜肴油大，味道浓醇、酸、甜、辣、咸各味俱全。

每个俄罗斯节日都离不开丰富的聚餐。按照传统，向食客奉上"面包加盐"会增加宾主之间的信任与友谊。面包是丰盛桌的象征，盐会驱走恶神，祈福平安。

俄罗斯人喜饮伏特加酒，称其为"煮熟的酒"或者"面包酒"。据说莫斯科的克里姆林宫丘多夫道院是最早生产伏特加的地方。

2. 传统菜肴油性较大

由于俄罗斯大部分地区气候比较寒冷，人们需要较多的热能，所以，传统的俄式菜油性较大，较油腻。黄油、奶油是必不可缺的，许多菜肴做完后还要浇上少量黄油，部分汤菜也是如此。随着社会的进步，人们的生活方式也在改变，俄式菜也逐渐趋于清淡。

3. 菜肴口味浓重

俄式菜喜欢用番茄、番茄酱、酸奶油调味，菜肴口味浓重，酸、咸、甜、微辣各味俱全，并喜欢生食大蒜、葱头。

4. 擅长制作蔬菜汤

汤是俄罗斯人每餐不可缺少的菜肴。由于俄罗斯气候寒冷，汤可以驱走寒冷带来温暖，还可以帮助进食，增进营养。俄国人擅长用蔬菜等调制蔬菜汤，常见的蔬菜汤就有60多种。

5. 俄式小吃品种繁多

俄式小吃品种繁多，是其他国家无可比拟的。俄式小吃主要是指各种冷菜，特点是生鲜、味酸咸，如鱼子酱、酸黄瓜、冷酸鱼等。其制作讲究，口味酸咸爽口，其中鱼子酱最负盛名。

6. 俄罗斯菜的代表菜肴

俄罗斯菜的代表菜肴有鱼子酱、红菜汤、黄油鸡卷、罐焖牛肉、莫斯科烤鱼等。

六、德式烹调的特色

德国西北部靠近海洋，主要是海洋性气候；东部和东南部属大陆性气候。农牧业发达，机械化程度高。

德国的饮食习惯与欧洲其他国家有许多的不同。德国人注重饮食的热量、维生素等营养成分，喜食肉类菜肴和土豆制品。德式菜肴以丰盛实惠、朴实无华著称。

1. 德国人的饮食习俗

德国人普遍崇尚"大块吃肉，大口喝酒"，以体现豪迈，酷爱吃猪肉及猪肉制品，每年人均猪肉消耗量为65千克，居世界首位。例如，用猪肉做的香肠种类就超过1500

种，德国肉制品中最有名的是红肠、香肠及火腿。远销海内外的"黑森林火腿"，即使切成薄如纸片的薄片，也能清晰地看到猪肉的纹路质感，口味奇香无比。

德国人喜爱喝酒，为世界第二大啤酒生产国，境内共有 1300 家啤酒厂，生产的啤酒种类高达 5000 多种。据统计，每个德国人平均每年啤酒消耗量为 138 升。

德国人最讲究早餐。早餐包括咖啡、茶、各种果汁、牛奶、香肠、火腿、各种面包，以及与面包相配的奶油、干酪和果酱等。德国人非常爱吃马铃薯，烹调的花样千变万化。

德国人吃饭时大多会用面包将盘内的肉末或汤汁蘸着吃尽，绝不浪费，哪怕请客吃饭也是一样。

2. 德国菜中的肉制品菜肴丰富，种类繁多

德国人喜食肉制品菜肴，特别对猪肉情有独钟，尤其喜欢吃香肠。

3. 口味以酸咸为主，调味较为浓重

德国菜中经常使用酸菜，特别是制作肉类菜肴时，加入酸菜，使菜肴口味酸咸，浓而不腻，烹调方法多以烤、焖、烩为主。

4. 德国人有吃生牛肉的习惯

德国人有吃生牛肉的习惯，如著名的鞑靼牛扒，就是将嫩牛肉剁碎，拌以生洋葱末、酸黄瓜末、芥末、生蛋黄食用。

5. 喜用啤酒做菜

德国盛产啤酒，德国菜中一些菜肴也常用啤酒调味，风味独特。

6. 德国菜的代表菜

德国菜的代表菜肴有柏林酸菜煮猪肉、酸菜焖法兰克福肠、鞑靼牛扒、汉堡肉扒等。

七、日本料理的特色

日本位于亚欧大陆东端，是一个四面临海的岛国，由数千个岛组成，因此日本有丰富的渔业资源。日本人相当喜好吃水产品，如各种海鱼、贝类、虾蟹类和海草等，主食以米饭、面条为主，副食多为新鲜的鱼虾等海产，常配以日本酒。

1. 日本料理的分类

从菜肴的起源划分，日本料理可以被分为两大类"日本和食"和"日本洋食"。通常日本人自己发明的菜肴就是"日本和食"，如寿司等；另外，源自中国的日式拉面、源自印度的日式咖喱、源自法国的日式蛋包饭、源自意大利的日式那不勒斯意大利面等，都被称为"日本洋食"。

以进餐的目的为依据日本料理可以被分为三类：本膳料理、会席料理和怀石料理。

（1）本膳料理始于室町时代，是最基本、最正宗的日本料理形式。本膳料理更重视"仪式感"，因此常见于婚丧嫁娶等正式场合。在菜单、用餐礼仪、服装等方面有着严格规定，菜色由五菜二汤到七菜三汤不等。不过，这种刻板的料理形式现在已经逐渐消失，仅出现在极少的日本料理店。

（2）会席料理是由本膳料理进行简化形成的。会席料理源自江户时代后期，原本是为了饮酒而在料理茶屋享用的美食，也可称为是"酒席"。会席料理一般指很多人一起享用的宴席料理，有时是一道菜一道菜地上，有时是从一开始就将所有菜肴摆在餐桌上。

由于会席料理的根本目的是饮酒，所以菜肴也都是配合酒水准备的。在会席料理上，常常是最先上酒和菜，其次才是米饭、汤菜。会席料理的菜肴数量一般为奇数，因为日本人认为奇数比偶数更加吉利。一般在日本餐馆、料亭里品尝到的宴席料理，大多都是会席料理。

（3）怀石料理是在茶道会饮茶时享用的料理，其目的不是饮酒，而是饮茶。"怀石"一词是由禅僧的"温石"而来。在安土桃山时代，千利休确立起日本茶道，那时候，修行中的禅僧必须遵行的戒律是只食用早餐和午餐，晚上不吃饭。可是年轻的僧侣耐不住饥饿和寒冷，便将加热的石头包于碎布中（称为"温石"），揣到怀里，顶在胃部以耐饥寒。后来逐步发展为晚餐也可以少吃一点东西，起到"温石"御饥寒的作用，"怀石"便由此得名。

怀石料理的菜肴一般是一道一道地上，食客可以慢慢品用。与会席料理的热闹氛围不同，怀石料理比较安静闲适，而且菜肴比较朴素，一般由茶会举办者亲自选择时令食材烹调，充满季节感，也突显主人的待客之心。同时，为了保证品茶时的味觉，怀石料理中一般不会出现过多使用调味料的"重口味"菜肴。

2. 日本料理注重造型

日本料理注重菜肴的"色、香、味、器"四者的和谐统一，讲究食材的切割技法，装盘摆放艺术化，不仅重视味觉，还重视视觉享受，要求色自然、味鲜美、形多样、器精良。

3. 口味清淡，原汁原味

日本料理在制作中，以清淡著称，菜肴精致、不油腻、营养搭配合理；烹调时以保留食材的原味为前提，要求原料新鲜，讲究高汤的制作，制作菜肴时喜欢用高汤，调味时多用糖、醋、味精、酱油、柴鱼、昆布等调味料。

4. 喜食刺身与寿司

刺身是将新鲜的鱼或贝肉，用适当的刀法切成，享用时佐以用酱油与山葵泥调和成蘸酱的一种生食料理。日本人喜欢吃刺身，如北极贝、八爪鱼、象拔蚌、赤贝、带子、甜虾、海胆、鱿鱼、吞拿鱼、三文鱼、剑鱼和金枪鱼等，大部分鱼类都可以做刺身。

5.　日本料理的代表菜肴

日本菜的代表菜肴有酱汤、寿司、刺身、大阪饺子烧、天妇罗、烤秋刀鱼、火腿虾、日式云吞汤等。

八、韩国料理的特色

韩国位于朝鲜半岛的南半部，三面临海，因此水产品也是韩国人的重要主食。

韩国四季分明，物产相对富饶，谷类作物有水稻、大麦、小麦、玉米；油料与其他作物有冬油菜、大豆、芝麻、马铃薯等；果类作物有苹果（国光、红玉）、柑橘类、柿子、梨、桃，还种植人参，著名特产为高丽参，红参次之。家畜饲养业是仅次于水稻生产的第二大农业生产领域，但除了牛奶和鸡蛋基本上可以保证自给外，牛肉、猪肉和鸡肉每年都需要进口来满足国内市场的需求。

1.　韩国人的饮食习俗

作为东亚饮食文化的一部分，韩国的饮食文化与中国和亚洲周边国家有很多相同的地方。中国秦代时期移居朝鲜半岛的中国人将中国中原烹调带到了朝鲜半岛。与此同时，朝鲜半岛的饮食文化也保留着本民族的独特特点。

韩国与其他饮食文化不同，汤菜在韩国料理中不是饭前或饭后的配菜，而是与主食一起食用的主菜。韩国料理中的汤菜一般放有肉或水产品。常见的汤菜有参鸡汤、大酱汤、雪浓汤、水饺汤、泡菜锅、纯豆腐汤、海带汤等。在韩国料理中与米饭一起食用的伴菜叫作"饭馔"，其种类繁多，由烧烤、煎炸、蒸煮、烩、腌泡等多种方法制作。而与酒类一起食用的菜被称为"按酒"。

每逢节日，人们便制作各种适合节日特点的特殊饮食，如糕、面条、烤肉（鱼）、炖菜、药饭、五谷饭等，主要节日还有一些特殊饮食。例如，正月初吃糯米饭，艾蒿糕；端午节吃山牛蒡叶饼；重阳节喝菊花酒；冬至吃红小豆粥等。

2.　韩国料理少油、无味精、营养品种丰富

正宗韩国料理是少油、无味精、营养品种丰富，有"五味五色"（甜、酸、苦、辣、咸；红、白、黑、绿、黄）之称，兼具中国菜肉丰味美与日本料理鱼多汁鲜的饮食特点，一般分家常菜式和筵席菜式，各有风味。其味辣色鲜，料多实在。

3.　喜食泡菜

韩国泡菜是一种以蔬菜为主要原料，各种水果、水产品及肉料为配料的发酵食品。泡菜是韩国料理中的重要成员。其泡菜种类繁多，类别在韩国各地有所不同，韩国人在不同的季节会食用不同的泡菜。

4.　烹调方法简单

韩国料理烹调方法简单，主要为煮、炖、烤、腌等，主食以大米为主，如石锅拌

饭、紫菜包饭、韩式炒年糕、泡菜炒饭等。

5. 韩国料理代表菜

韩国料理的代表菜有韩国烤肉、大酱汤、韩国泡菜、炖真鲷、酱汤泡饭、人参炖鸡、打糕等。

拓展与思考

（1）西式烹调的特点有哪些？

（2）西方各国的风土人情、特色物产、地理气候、饮食风俗等有哪些特色？

（3）意式烹调有哪些地方风味流派？

（4）法式烹调分为哪几种类型？有什么具体表现和特点？

第二章

西餐厨房知识概述

学习目标

　　了解西餐厨房的概念和岗位设置的要求；熟悉并掌握西式烹调从业人员的职业素质和道德规范，培养良好的职业习惯和爱岗敬业的工作作风。

第一节　西餐厨房概述

一、西餐厨房的定义

　　西餐厨房是西式菜点的生产部门，通常是指西餐厅厨房和咖啡厅厨房，是制作各种西式菜肴和甜点的加工场所。

二、西餐厨房的生产特点

西餐厨房
知识概述

1. 西餐厨房的生产量具有不确定性

　　（1）西餐厨房生产的需求变动因素多。厨房生产的需求主要取决于客情，即一定时间内来餐厅就餐的各种食客的多少，而影响客情变化的因素主要有：天气的变化，就餐者选择的良辰吉日，节日和假期及临时变化的客情。

　　（2）季节变化因素和原料性质的影响。西餐厨房生产具有很强的季节性。对原料选择的时令性要求很高，讲究因时选料，对快过时的原料，要积极地推销。同时，原料的性质对厨房的生产量有很大的影响，原料越新鲜，质地越鲜嫩，相对加工就越简单，生产速度就越快。

2. 手工生产制作的技术性较高

　　（1）西餐厨房的生产劳动主要依靠手工制作，而西式菜点的品种多，产品规格各异，千差万别，生产批量小，技术标准较为复杂。

　　（2）手工生产制作的技术性要求会导致成品出现差异，这是因为烹调师的经验和自身对烹调理解的程度不同，会导致技术的熟练程度、加工的烹调方法和成熟度等控制不一致。此外，每个烹调师的审美尺度和价值取向的不同，也会导致原料搭配、形态选

择、装盘装饰等不同。

（3）手工生产制作的劳动强度大。

3. 西餐厨房生产讲究分工协作、团队配合

一个运营良好的西餐厨房，通常都具备分工明确、岗位固定的特点，讲究团队合作。因此，菜肴的加工、配份、烹调需要不同岗位的人员分工协作，协助完成。西餐厨房菜点出品的品质，有赖于全员责任心的加强、技术水平的全面提高、成熟和稳定。

4. 产品具有特殊性

（1）产品是供食客享用的食品性商品，具有食用价值，应符合《中华人民共和国食品安全法》的规定，无毒无害，达到食品应有的卫生安全要求，并具有相应的色、香、味等感官性状。

（2）产品销售具有即时性。西餐厨房产品的质量随时间的延长而降低。因此，西餐厨房生产应与服务密切沟通、配合，保证出品在第一时间内用于消费，如要求热菜用热盘盛装，以保持菜品温度；冷菜需用冷盘盛装，以防止菜品温度过高，其目的都是最大限度地保证菜肴的品质。

5. 成本核算具有复杂性

西餐厨房生产所使用的原材料（主料、配料）、调味料，构成产品的主体成本。同时采购、验收、贮存、领用及其加工制作等环节也会对生产成本造成影响。此外，生产成本还应考虑技术力量、生产管理、季节性等因素。

三、西餐厨房烹调师的主要工作任务

西餐厨房烹调师的工作主要是对采购回来的原料进行验收、贮存、保管、领用、加工、切配、烹调到装盘等，任何一个环节出现差错都会影响菜肴的质量，因此，烹调师需要经过专业训练且有工作经历，其主要工作流程如下所述。

（1）原料的验收与贮存。

（2）水产品、畜禽类、蔬菜原料的初加工。

（3）菜肴的配份与制作。

（4）少司的制作。

（5）面包和点心的制作。

（6）厨房的清洁卫生。

西餐厨房概述

第二节　西餐厨房岗位设置与人员配置

西餐厨房的生产和管理是通过一定的组织形式来实现的，科学的厨房岗位设置可以清楚地反映每个工种及岗位人员的职责；可以直接反映出各自对谁负责，向谁汇报工作，避免越级和横向指挥；容易发现工作中的疏漏，并防止重复安排工作，使每个烹调

师清楚自己在厨房的工作岗位和职业发展方向。

一、西餐厨房的工作岗位设置

西餐厨房的工作岗位设置是根据厨房中的生产工作任务来设定的。通常西餐厨房都会设置行政总厨、西餐厨师长、部门主管、岗位领班、岗位厨师、厨工等岗位，其岗位设置如图 2-1 所示。

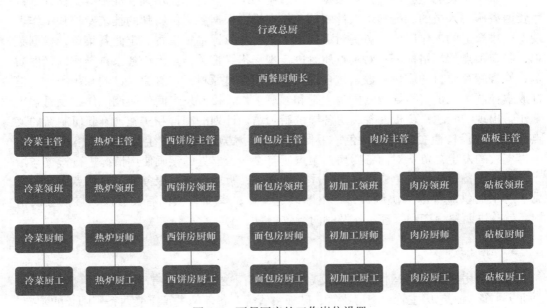

图 2-1　西餐厨房的工作岗位设置

1. 行政总厨

行政总厨是指三星级和三星级以上的大型酒店餐厅内总揽厨房事务的管理人员。行政总厨是厨房事务的管理者，要求具有丰富的工作经验、高超的办事能力和处理突发事件的能力。行政总厨通常都让具有在大型餐饮部门任职，有丰富工作经验的厨师长担任，其不仅需有高水准的厨艺，还应对工作环境内主打的菜系有较深的研究，具有系统的厨房管理知识和能力，以确保整个厨房的操作系统正常有效地运转。

行政总厨主要职责是：负责下属厨师长和部门主管的考勤、考绩工作，根据他们的业务能力、技术专长，合理安排工作；根据工作需要调配各岗位厨师的工作；制定菜单、开发新品种；控制厨房成本，核算菜肴、饮料的价格；对厨房人员进行日常管理，对厨房所有菜肴进行高标准控制；制定餐饮、厨房及服务的相关规章制度和运作流程；建立服务质量评价体系；确保餐饮服务设备得到适当的维护、使用和更换；监督菜肴处理的过程、控制菜肴的质量；对菜肴质量控制中出现的问题提供技术性建议；对菜肴处理过程进行成本研究。

2. 西餐厨师长

作为西餐厨师长，要求其能协助行政总厨全面负责西餐厨房各菜点的生产管理工作，带领各岗位厨师从事菜肴、点心、面包等制作，保证向食客及时提供达到规定质量的产品。并且，西餐厨师长应熟悉西餐厨房的生产流程，掌握较全面的西式烹调制作技术，具有一定的组织管理能力和一定的专业外语基础。

西餐厨师长的主要职责是：根据行政总厨要求，制订年度培训、促销等工作计划；负责西餐厨房人员的调配和班次计划等工作安排；根据各岗位厨师的技艺专长和工作表现，安排合适的工作岗位；负责对下属员工进行考核评估；负责制定西餐菜单，根据菜单，制定菜点的规格标准；对菜点质量进行现场指导把关，重大任务亲自操作以确保质量；检查库存原料的质量和数量，合理安排使用食材原料，审签原料订购和领用单，把好成本控制关；负责指导西餐厨房主管和领班工作，搞好班组间的协调工作，及时解决工作中出现的问题；负责西餐厨房各岗位厨师培训计划的制订和实施，不断研制新的菜点品种，并保持西餐的风味特色；督促执行卫生法规及各项卫生制度，严格防止食物中毒事故的发生；负责对西餐厨房各菜点所有设备、器具的正确使用情况进行检查与指导，审批设备检修报告单；主动与餐厅经理联系，听取食客及服务部门对菜点质量的意见，与采购供应等部门协调关系，不断改进工作；参加餐饮部有关会议，贯彻会议精神，就改进西餐生产和管理工作及时向行政总厨汇报。

3. 部门主管

西餐厨房根据厨房运作需求还设立有各个部门主管，一般有冷菜主管、热炉主管、西饼房主管、面包房主管、肉房主管、砧板主管等。各部门主管接受西餐厨师长的领导，监督、指挥下属领班的工作；根据每天的工作计划安排西式菜点的生产；掌握菜点的生产要求和标准，保证出品质量，有效地控制成本；检查厨房原料的使用情况，确保在离开时所有的食材原料存放好，防止物资积压超过保质期，防止变质或短缺，制订每月工作计划，原料采购计划，控制原料的进货质量；检查厨房的卫生情况，检查下属各岗位厨师是否按照操作规范工作，保证个人卫生、食品卫生和环境卫生，把好卫生质量关。

4. 岗位领班

西餐厨房各部门都会设立岗位领班，有冷菜领班、热炉领班、西饼房领班、面包房领班、初加工领班、肉房领班、砧板领班等各个岗位。各岗位领班都接受部门主管的领导，指挥下属烹调师的日常工作；负责菜点生产的全过程制作和日常卫生工作。带领班组完成各项工作任务。

5. 岗位厨师

各岗位厨师应接受岗位领班的领导，负责每天的物料领取、厨房开炉、菜点配份、切配等工作；每天要检查用料是否齐全，是否变味，按各种用料的需要预计当日的用料量，保持食材原料的新鲜度，生熟分开存放；做好出品准备工作，根据岗位要求加工准备各种食材；制作各种汤料、酱汁，并密封存放冰箱中；严格按顺序出菜，严格按《中华人民共和国食品安全法》操作，时刻注意卫生要求和出品质量；负责厨具的清洁，剩余的食材原料放回冰柜保存，并把台面的清洁卫生器具摆放整齐，工作服务热情周到。

6. 厨工

对于西餐厨工要求是：工作积极主动，热爱本职工作，能吃苦耐劳，听从指挥，负责厨房的基础工作和初加工工作，以及卫生的维护等。

在厨房的工作岗位设置中，各部门主管工作责任的制度制定是厨房管理的关键，也是西餐厨师长管理协调好厨房各项经营工作的难点。

二、西餐厨房的人员配置

西餐厨房人员的配置数量，因酒店规模不同（大型、中型和小型）、星级档次不同（三星、四星和五星）、出品规格要求不同而不同。在确定人员数量时，应综合考虑以下因素。

（1）厨房生产规模的大小，相应餐厅、经营服务餐位的多少、范围的大小。

（2）厨房的布局和设备情况，厨房的布局紧凑性、流畅性，设备的先进性、功能的全面性。

（3）菜单经营品种的多少，制作难易程度及菜肴出品标准要求的高低。

（4）烹调师技术水准的状况。

（5）餐厅营业时间的长短。

确定厨房人员数量，较多采用的是按比例确定的方法，即按照餐位数和厨房各工种烹调师之间的比例确定。档次较高的酒店，如五星级酒店的西餐厨房，一般 13～15 个餐位配 1 名厨房生产人员；规模小，如三星级酒店的西餐厨房或规格更高的特色餐饮部门，则需 7～8 个餐位配 1 名厨房生产人员。

第三节　西式烹调师的素质要求

作为西式烹调师，除了应该具有高超的厨艺技能、专业学识、职业素养外，还应对餐饮业的发展趋势、时代潮流等有较深的认识和理解，以下是西式烹调师应该具备的职业素质要求。

（1）热爱烹调，热爱西餐，不怕苦，不怕累。只有热爱烹调，才可能立足本职，潜心做好烹调工作。因为热爱，才会有动力；因为热爱，才会有耐心；因为热爱，才会有为之努力奋斗的决心和毅力，才会在工作中不断获得喜悦，获得成功。一名烹调师从厨工学徒做起，要经历不同岗位的漫长磨练，每一岗位的工作都是在为做好一名烹调师打基础，每一岗位的锻炼过程都必须不怕脏、不怕累，不能急于求成。

（2）扎实的专业基本功。仅有一腔热情还不够，扎实的专业基本功才是成就西式烹调师的基础。掌握了扎实的专业基本功，才能制作出色、香、味、型、器俱佳的西式美食，才能够进行更高层次菜肴的研发、改进和创新。真正的西式烹调师，需要具备熟练

的、过硬的操作技能，掌握不同菜肴的制作技术，能及时有效地解决不同食客的需求。

（3）具有良好的沟通能力。学习西餐不仅要掌握专业的技能，还要有良好的沟通能力。与同行之间要沟通，与食客要沟通，与领导也要沟通。要成为优秀的西式烹调师，具备基础的沟通能力还不够，还需要有良好的外语交流能力，这样才能更好地做好菜点开发和创新工作。

（4）具备踏实工作、精益求精、团结合作的精神。在西式烹调师的日常工作中，需要养成精益求精的工匠精神，每道菜肴都须经过严格的工序，若省去一道工序，菜肴就达不到质量标准。同时，因每个西式烹调师都能够独立完成菜肴制作的所有工序，但若单枪匹马地工作，则会效率低下，出菜速度慢。因此，西餐厨房的每一位西式烹调师都应充分认识到，只有分工不同，没有贵贱之分，只有踏实工作，团结合作，顾全大局，西餐厨房整体的工作效率和质量才能提高。

（5）具有良好的心理素质。西式烹调师的工作环境很辛苦，工作压力大，作为菜点的直接制作者，在菜点烹制过程中，如果没有良好的心情和健康的心态，菜点质量必然会受到影响，给食客留下不好的印象，从而影响企业的声誉。要调整心理状态，具备良好的心理素质，就需要西式烹调师具备高度的责任感和强烈的敬业精神，以认真负责的态度工作，在工作中表现出强烈的事业心和务实的敬业精神，锻炼自身的耐力，适应西餐厨房里的各种压力，不把工作之外的不愉快心情带到工作中来。

拓展与思考

（1）西餐厨房中工作人员的组织结构是怎么样的？
（2）西餐厨房中的工作岗位和部门结构是怎么样的？

第三章

现代西餐厨房设备与用具

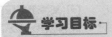 学习目标

　　学习并了解西餐厨房中常见设备与用具的种类和特点，熟悉并掌握设备与用具的使用与维护知识；能够按照标准化程序，独立操作并维护西餐厨房常用设备与用具。

现代西餐厨房
设备与用具

第一节　现代西餐厨房设备与用具的要求

　　西式烹调方法多样，讲究用料和配汁调味，菜肴中的原料通常分别装盘，对菜肴成熟度和营养卫生也非常注重，因此现代西餐厨房分工精细，厨房设备与用具种类繁多，用途也比较专一，机械化程度比较先进。

　　现代西餐厨房包括西餐冷菜厨房、西餐热菜厨房、西饼房、面包房和肉房等，由于加工生产的菜点品种不同，其厨房的设备与用具也各有不同。西餐厨房设备与用具的特色如下。

　　1. 烹调设备功能丰富而先进

　　西餐厨房中的主要设备是烹调设备，由于西式烹调工艺的复杂性，除了对设备的安全性要求较高外，还要求具有专业化和自动化的控制性能，如西餐中的燃气炉灶都配有防漏气装置，烤箱和炸炉等都配有温控开关和定时装置。

　　2. 冷藏、冷冻、保鲜和保温等恒温设备齐全

　　西式菜肴制作中讲究出菜程序的标准化和严谨性，特别重视食品卫生操作的规范和安全，因此在菜肴的制作过程中，冷藏、冷冻、保鲜、恒温等设备都必须配备齐全。例如，需要提前加工的半成品和调味汁都要求有良好的保鲜和恒温处理工序，以保证菜品的质量。

　　3. 加工设备的自动化和机械化程度较为先进

　　西餐原料烹调前的预处理程序较多，初加工比较复杂，加工精细度较高，因此要求

西餐厨房必须配备较为完备的自动化和机械化程度较高的加工设备。

4. 设备与用具根据经营风味特色不同而形式多样

由于西式菜肴的风味各不相同，其厨房的设备与用具也会有所不同。例如西餐扒房、西餐咖啡厅、西式快餐店等，设备与用具的配置需与其功能相匹配。

第二节　现代西餐厨房常用烹调设备

西餐厨房中的专业设备种类繁多，即使是同一类设备也会因为生产厂家不同和批次不同，在外观、构造和工艺性能上存在差异，本节只对现代西餐厨房常见的烹调设备做简要介绍。

现代西餐厨房
常用烹调设备

一、炉灶

西餐炉灶按照能源不同可分为燃气灶和电灶两种，按构造不同又可分为明火炉灶、平顶汤头炉和电磁感应灶（图 3-1）三种形式。

明火炉灶　　　　　　　平顶汤头炉　　　　　　　电磁感应灶

图 3-1　炉灶

1. 明火炉灶

明火炉灶结构一般用钢或者不锈钢制成，灶面平坦，一般不配备鼓风装置，自然吸气。

明火灶一般有 4～6 个灶眼，每个灶眼都有单独的控制开关。现在的西餐炉灶一般都配有电子点火开关和防燃气泄漏保险开关，使用时需将开关按下并调至点火点，再按下电子点火开关点燃长明火。需要注意的是，必须待长明火燃烧 10～15 秒以后才能松开控制开关，否则长明火会熄灭，之后就可以自由调节所需要的火力了。为了便于烹调和清洁，灶眼上一般配有活动炉圈或铁架，活动的灶眼和炉圈有利于炉灶的拆卸清洗，保持灶眼的通畅。灶眼下方也配有可以拉出的金属盘，以便接住烹调时不小心掉落的残渣。

明火炉灶下方通常还附有烤箱，方便将原料在炉灶上进行初步熟处理后转移到烤箱中烤或焖。

明火炉灶的优点是，加热速度快。缺点是，每个灶眼一次只能供一口锅烹调操作，数量有限。

明火炉灶在使用时应注意以下几个方面：

（1）使用前应调好气压，检查管道是否漏气。

（2）点燃后，应观察火焰是否正常。

（3）使用过程中不能离开，以防锅中液体溢出扑灭火焰，导致燃气泄漏。

（4）禁止在炉灶周围存放易燃、易爆物品，发现管道破裂应及时更换。

2. 平顶汤头炉

平顶汤头炉表面为平面厚钢板，灶眼在钢板下方。烹调时灶眼对上面的钢板加热，将锅放钢板上就可以进行烹调操作了。

平顶汤头炉优点是，一次可支持多个锅同时进行烹调，烹调量大且可支撑重物，也便于清洁。缺点是，平顶汤头炉在不烹调菜肴的时候，不宜保持高温，否则会损坏加热板。

3. 电磁感应灶

电磁感应灶是一种新型能源灶，它以对钢或铁分子进行磁化运动的方式为厨具加热，为现代西餐厨房必备设备，也是一种平顶汤头炉。

电磁感应灶的优点是，加热速度快，便于清洁，铁锅离开灶面就不会继续加热，可以让厨房保持凉爽，也节约了能源。缺点是，只能使用钢质锅、铁质锅，传统的铝锅和铜锅不能在其上面被加热。

电磁感应灶在使用时应注意灶面的清洁，不用时应及时关闭电源。

在现代西餐厨房中，尽管炉灶的许多功能已被其他一些设备所取代，但炉灶仍然是现代西餐厨房不可缺少的烹调设备。通过炉灶，西餐可以完成煎、煮、炒、扒、烩、炸等烹调方法，同时也是西餐少司制作和原料初步熟处理等必备的设备。

二、烤箱

烤箱从热能来源上可以分为燃气烤箱和红外线电烤箱。从烘烤原理上可分为对流式烤箱和辐射式烤箱。现代西餐厨房使用较多的是万能蒸烤箱，是对流式烤箱的一种。

1. 燃气烤箱

现代西餐厨房的燃气烤箱一般都嵌入在炉灶下方，烹调时一般和炉灶搭配使用。由烤箱外壳、燃烧器、烤盘架、控制开关、定时器等组成。工作时，位于底部的燃烧器对钢板加热，钢板再通过对流形式将热量传播到炉腔中，对菜肴进行加热。

燃气烤箱的优点是，原料在炉灶上经过初步熟处理后，可迅速放入燃气烤箱内继续加热。缺点是预热时间长，受热不均匀。

2. 红外线电烤箱

红外线电烤箱由箱体外壳、电热元件、控制开关、定时器、温度指示仪表、炉腔架、检视灯等部分组成，使用时可分别对上下火进行调节。其工作原理是通过电能产生的红外线辐射热、炉腔热空气对流及炉腔架钢板与烤盘之间的热传导对菜肴进行加热的。

万能蒸烤箱

图 3-2 万能蒸烤箱

红外线电烤箱的优点是，能在短时间内使菜肴成熟上色。缺点是，需要提前预热。

3. 对流式烤箱——万能蒸烤箱

万能蒸烤箱（图 3-2）是现代西餐厨房使用最多的一种先进设备。其采用计算机控制，除了可以精确控制时间和温度以外，还可以根据菜肴的需求设计配套程序，以满足不同菜肴的制作要求。它集蒸烤功能于一体，用途广泛，不但节约了厨房空间，同时还可完成自动清洗。

烤箱除了可以烤制菜肴外，还具备炉灶的一些功能，菜肴可以在烤箱里面焖、煮，万能蒸烤箱更具备蒸、炸等功能。

三、明火焗炉

明火焗炉又称面火焗炉，炉膛不密封，其热源设置在顶端，底部有铁架，一般可升降，适用于对经过熟处理原料的表面加热和上色，如法国名菜法式焗蜗牛就是使用此设备制作而成的。

明火焗炉有台式和壁挂式（图 3-3）两种。设计厨房时，壁挂式一般固定在炉灶的上方，这种明火焗炉能有效节约厨房的空间。台式一般直接置于操作台，这种明火焗炉更方便热源的升降和观察菜肴上色的程度，在现代西餐厨房中使用比较广泛。

台式明火焗炉　　　　　　　　壁挂式明火焗炉

图 3-3 明火焗炉

明火焗炉在使用的过程中除了要注意防止引起烫伤外，在烹调的过程中还要随时观察，通过调节火力的大小和高度的升降来控制菜肴表面的颜色，使烹制出的菜肴上色但不会烤焦。

传统的明火焗炉配置燃气加热装置，现代厨房一般都使用电热管加热，更加安全卫生，且生热速度快，不需预热。

四、炸炉

炸炉用于油炸菜肴的制作，仅适用于单一的烹调方法。标准的炸炉一般为长方形，主要由油槽、油脂过滤器、钢丝篮、加热装置、热能控制装置和时间控制装置等组成。

1. 炸炉的分类

炸炉根据所使用的能源不同可分为燃气型和电热型（图3-4）两种，根据炸制时设备操作方法不同又可分为以下三种类型：常规型、压力型和自动型。

（1）常规型。常规型炸炉的上部为方形炸锅，下部是加热器，炉顶部为开放型，炸炉配有时间和热能控制装置。

（2）压力型。压力型炸炉的顶部有锅盖，当油炸菜肴时，炉上部的锅盖密封，使炸炉内产

燃气型炸炉　　　　　电热型炸炉

图3-4　炸炉

生水蒸气，锅内的气压增高，从而使锅内原料易于成熟。压力型炸炉制作的菜肴外部香脆、内部酥烂。它的工作效率较高。

（3）自动型。自动型炸炉的炸锅底部有个金属网，金属网与时间控制器连接，当原料炸至规定的时间后，炸锅中的金属网会自动抬起，脱离热油。

2. 炸炉在使用过程中应注意的问题

（1）添加油脂时要注意油量控制。油槽内一般设有刻度线，油量不能低于最低刻度线，也不能高于最高刻度线。添加固体油脂时，应先把温度调节到120℃至固体油脂全部熔化以后，再将油温升至所需工艺操作的温度。

（2）炸制完成后应及时捞出原料残渣，油色变深后可加入滤油粉洗油，再用油脂过滤器过滤，长期使用后应及时更换油脂。

（3）炸炉不使用时应及时关闭，以防油脂长时间加热而变质，需要使用时应提前预热。

五、铁扒炉

铁扒炉由腔体、热源、铁扒板或铁条、热能控制装置和接油盒组成，烹调时，通过底部热源加热铁扒板或铁条，利用热能传导对食材原料加热。热能来源主要有电和燃气两种，现代西餐厨房一般选用电热能，使用前需提前预热。铁扒炉可分为平扒炉和坑扒炉（图3-5）两种。

1. 平扒炉

平扒炉表面有一块厚度为1～2厘米的平面厚铁板。用平扒炉烹制出来的原料表面

平扒炉　　　　　　　　　　　　　坑扒炉

图 3-5　铁扒炉

上色均匀，适合同时烹制多块肉扒。

2. 坑扒炉

坑扒炉表面具有凹凸的铁扒板或铁条，铁条底部有导油槽，一般一个扒炉由多组铁条组成，方便拆装和清洁。用坑扒炉烹制出来的原料表面带有均匀的条纹或网状条纹，适合用来烹制各种肉扒。

六、蒸箱

西式菜肴很多都是通过蒸的方法烹调成熟的。通过蒸的方法制作的菜肴，味道鲜美，营养损失极少。

常用的蒸箱（图 3-6）有高压蒸箱和低压蒸箱两种。高压蒸箱以每平方英寸 15 磅（1 磅 / 平方英寸为 6.894 千帕）的压力进行工作，温度最高可以达到 182℃；低压蒸箱以每平方英寸 4～6 磅的压力进行工作。这种蒸箱门通常不可随时打开，必须等到箱内压力为零时才能打开。

蒸箱还适用于冷冻食材原料的溶化。蒸箱内分为多层，适用于批量菜肴烹制。

图 3-6　蒸箱

七、倾斜式炒锅

倾斜式炒锅（图 3-7）是一种非常实用、方便的设备，它常用于大型厨房。通常由上部分的方形锅和下部分的加热设备组成，方形锅容量最高可达 80 升。由于方形锅可以向外倾斜，故又称翻斗式烹调炉。倾斜式炒锅用途很广，适合多种烹调方法，如煎、炒、焖、煮等，最适合大批量的宴会制作。

八、夹层汤锅

夹层汤锅（图 3-8）以水蒸气为热能烹制菜肴，适用于基础汤制作和煮、烩、焖等菜肴的烹制。夹层汤锅的外壁是一个封闭的金属外套，蒸汽不直接与食材原料接触，而是被注入金属外套与汤锅之间的缝隙中，再通过热传递对食材原料进行加热。

烹制菜肴时，烹调师可以通过调节气压或温度来调节锅内的温度。

图 3-7 倾斜式炒锅　　　　　图 3-8 夹层汤锅

九、微波炉

微波炉［图 3-9（a）］的工作原理是将电能转化成微波，通过高频电磁使被加热原料内部分子剧烈振动产生高热来烹制菜肴。

微波炉加热均匀，菜肴营养损失少，成品率高，烹制简便。

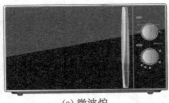

(a) 微波炉　　　　　　　　(b) 光波炉

图 3-9 微波炉和光波炉

十、光波炉

光波炉［图 3-9（b）］采用光波和微波双重高效加热，能瞬间产生巨大热量，加热速度快，对锅具没有限制。

十一、其他烹调设备

西餐厨房其他烹调设备有夹饼三明治机、滚筒式烤香肠机、华夫炉、煮面机、班戟炉、烘双层汉堡包机、多士炉、电磁炉、烤比萨炉（图 3-10）等。

夹饼三明治机　　　　　滚筒式烤香肠机　　　　　华夫炉

图 3-10 其他烹调设备

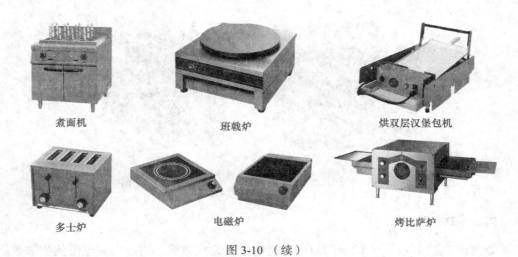

煮面机　　　　　　班戟炉　　　　　　烘双层汉堡包机

多士炉　　　　　　电磁炉　　　　　　烤比萨炉

图 3-10（续）

第三节　现代西餐厨房常用加工设备

由于西餐实行的是分餐制，在现代西餐厨房的烹调过程中，菜肴的加工环节非常复杂，初加工非常精细，对西餐厨房的加工设备要求也非常高。西餐加工设备必须满足三个方面的要求，一是设备的安全卫生系数要高，二是生产效率要高，三是加工设备要便于拆卸和清洁。

加工设备的选择要根据西餐厨房的需求，大型西餐厨房一般会专门设立一个初加工厨房，中小型西餐厨房则可根据实际需求选择加工设备，如果设备满足不了加工需求，则可考虑直接购买半成品或利用手工刀具加工，只是生产效率较低。

现代西餐厨房常用加工设备主要包括多功能搅拌机、切碎机、切片机、锯骨机、压面机（图 3-11）等。

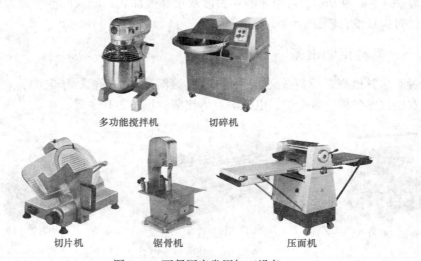

多功能搅拌机　　　　　　切碎机

切片机　　　　　　锯骨机　　　　　　压面机

图 3-11　西餐厨房常用加工设备

1. 多功能搅拌机

多功能搅拌机具有多种加工功能，如和面、搅拌鸡蛋和奶油、搅拌肉馅等，是西餐厨房最基本的加工设备。多功能搅拌机包括两部分，第一部分是装载原料的金属桶，第二部分是机身。机身由电机、变速器和升降启动装置组成，机身的上部分还设有装接各种搅拌工具的空槽。通常，多功能搅拌机配有三种主要搅拌工具：搅拌桨是一种扁平的铲子，主要用于搅拌较薄的糊状物质，如土豆泥；金属丝抽子用来搅拌奶油、蛋和制作蛋黄酱；面团臂用来搅拌和揉捏发酵面团。

使用多功能搅拌机时应注意以下几点：

（1）开动机器前，要固定好搅拌桶和各个部件。

（2）检查搅拌桶型号的大小和各个部件大小是否相符。

（3）往搅拌桶里加原料或用刮刀伸入铲原料时，一定要先停机。

（4）变速前一定要先停机。

（5）根据搅拌的原料选择不同的搅拌工具。

2. 切碎机

切碎机又称粉碎机。有些西餐厨房将专门用于切碎肉的机器称为绞肉机。切碎机是用来切碎原料的设备，种类繁多，用途广泛。切碎机的工作原理是通过位于旋转桶底部的刀片快速旋转而将送入旋转桶内的原料切碎，切碎的粗细取决于原料切碎的时间。在现代西餐厨房里，切碎机除了切碎原料外，有时还兼具制作果汁、蔬菜汁、豆浆等功能。

使用切碎机时应注意以下几点：

（1）使用前确保机器各部件已经安装妥当。

（2）开机前要将盖锁好，防止原料飞溅。

（3）机器运转时，切勿将手或其他工具伸入旋转桶内。

（4）韧性或黏性太强的原料不要放入切碎机中，以防损坏电机。

（5）经常检查刀片的锋利程度。

3. 切片机

切片机是将烹调原料加工成片的设备，相对于用手工切片，具有效率高、加工的原料均匀、大小一致等特点，同时还可以根据工艺需求，通过调节刀片和底座之间的距离来控制成品的厚度。

切片机分手动式、半自动式和全自动式三种，现代西餐厨房使用半自动式较多。半自动式切片机装载原料的托架需要人工操控，通过推送至旋转的刀片处切割原料，一般可加工蔬菜原料或者经过冷冻处理的肉类原料。全自动切片机装载原料的托架也是自动的，加工时通过调节速度来加工不同的原料，一般较软的原料，刀片切割速度较慢；较硬或不易碎的原料，刀片切割速度较快。

使用切片机时应注意以下几点：

（1）使用切片机前，应确保机器安置完毕后才能开始工作。

（2）切割时一定要避免手直接接触刀片，快切割完的原料，一定要用切片机原配的保护盖压稳后，再推送到刀片处进行切割。

（3）事先一定要检查原料是否已去掉骨头或硬物，以免损伤刀片。

（4）切片机使用完毕后，要及时清洗，清洗前先切断电源，并将调节厚度的按钮调至 0 刻度。

4. 锯骨机

锯骨机是专门用于切割带骨的大块肉类原料，一般的小型西餐厨房不会配备。锯骨机是通过电动机传动皮带带动钢锯条的移动，以切断骨头。

切割时，将原料固定在可移动的托盘上，通过推动移动托盘进行切割，操作时一定要注意安全。

5. 压面机

压面机一般用于西餐厨房的西饼房和面包房，主要功能是将加工好的面团按压至所需的厚度。压面机由托架、传送带、电机、滚动轴和操作手柄等组成。

压面的厚度可以调节，注意压面时应该通过多次压面逐步达到需要的厚度，否则会影响面皮的成形。压面的过程中要根据面团的黏性适当洒干面粉，避免面团和滚动轴的粘连。

第四节　现代西餐厨房常用恒温设备

一、保温设备

1. 红外线保温台

红外线保温台［图 3-12（a）］主要适用于油炸菜肴的保温。红外线保温台的工作原理是，位于顶部的保温灯通过热辐射的方式对保温台内的菜肴进行保温。保温台的底部一般设有金属网，便于油炸菜肴的滴油和底部的保温。

除了油炸菜肴以外，红外线保温台一般不会用于保温其他菜肴，因为在红外线灯的照射下，原料的水分损失很快，而油炸菜肴因为外部有层酥脆的外皮，不会损失内部的水分，同时还可以保持外皮的酥脆。红外线保温台一般用于餐厅的服务区或快餐店厨房。

2. 保温水槽

保温水槽［图 3-12（b）］是利用电、燃气或水蒸气对水槽中的水加热，水槽中存放装有菜肴的容器。加热的水通过容器传导热量给菜肴，以达到保温的目的。

在西餐厨房，可以通过保温水槽为各种汤、热菜少司、烩菜和焖菜进行保温。保温水槽使用时应注意随时检查槽内的水量，不能烧干，水槽内的容器一般需加盖，防止水分过多流失。

3.醒发箱

醒发箱［图3-12（c）］是供面团发酵的设备。其利用电将底部水槽中的水加热，使醒发箱中的面团在一定的温度和湿度下充分发酵。

(a) 红外线保温台　　(b) 保温水槽　　(c) 醒发箱

图3-12　保温设备

二、贮藏和制冷设备

（一）冷藏和冷冻设备

冷藏和冷冻设备［图3-13（a）］根据温度的不同可以分为冷藏设备和冷冻设备两种，冷藏和冷冻设备一般由保温隔热箱体、蒸发器、冷凝器、散热器和温度调节开关等元件组成，是一个相对密闭的箱体。

冷藏设备温度一般控制在0～4℃，保持这个温度可以抑制细菌的生长，保证贮藏的蔬菜原料不冻坏，也可以保证肉类原料在保鲜的同时即时使用，无须解冻。

冷冻设备温度一般控制在0℃以下，有的冷冻设备可以降到-18℃以下，冷冻的烹调原料能更好地抑制细菌的生长，以达到长期贮藏原料的目的。

常见的冷藏和冷冻设备有箱式、柜式和台式三种，可以根据需要进行功能设置和温度调节，如将温度调至4℃可用于冷藏，将温度调至0℃以下可用于冷冻。

使用冷藏和冷冻设备时应注意以下几点：

（1）设备内原料在摆放时相互之间要留空隙，原料不要紧贴箱体内壁摆放，以利于箱体内冷空气的流通。

（2）取原料和拿原料时动作要迅速，防止冷空气过多流失。

(a) 冷藏和冷冻设备　　(b) 制冰机　　(c) 冰淇淋机

图3-13　贮藏和制冷设备

（3）最好不要贮藏异味较重的原料，放置的原料最好用保鲜膜或保鲜纸包裹，避免原料之间的串味和原料水分的流失。

（4）冷藏和冷冻设备一般都是长期通电，因此设备应有专门的电源开关，或者在开关处设置警示标志，避免不小心断电致使原料变质。

（5）设备要定期清理，保持清洁，防止污染。

（二）制冰机

制冰机［图 3-13（b）］主要用于生产冰块。西餐厨房对冰块的使用比较多，冰块可以用于菜肴和饮料的降温，也可以用于制作甜点，如刨冰、奶昔等，还可以用于原料的保鲜。

制冰机工作时先由制冷系统制冷，水泵将水喷到冰模上，逐渐变成冰块，然后停止制冷，用电热装置加热使冰块脱模，沿冰块滑轨进入贮水冰槽，整个过程是自动的，贮水冰槽内冰块装满后制冰机会自动停止制冰。

制冰机的入水口一般需要接净化装置，因为有的冰块是直接食用的，使用过程中要保持贮水冰槽的清洁，避免污染。

（三）冰淇淋机

冰淇淋机［图 3-13（c）］由制冷系统和搅拌系统组成。制作冰淇淋时，将配制好的奶油放入箱体内，一边搅拌，一边冷冻，通过这种方式冷冻的奶油形成的冰晶较小，因此口感较好。冰淇淋机一般由不锈钢制成，设备不易污染细菌，易消毒。

第五节　现代西餐厨房其他设备

一、排油烟设备

由于西餐厨房生产的特殊性，很多加热设备在加热的过程中都会产生大量的油烟和蒸汽，如炉灶、烤箱、炸炉、蒸箱等。如果不及时通气排风，厨房的温度和烟气会逐渐上升，形成恶劣的工作环境，因此现代西餐厨房排油烟设备是必需的。

排油烟设备主要由烟罩、排风管道和引风机三部分组成。

1．烟罩

在厨房里，烟罩一般安装在加热设备的上方，现代西餐厨房普遍使用运水烟罩，这种烟罩具有抽排效果好、净化效果好、环保等优势。

运水烟罩油烟净化原理是在烟罩中注入循环水，循环水进入运水烟罩进水管，经喷头喷入烟罩内，喷头的独特设计使水流呈扇形雾状喷出，且覆盖的面积比较宽，不会出现水雾死角区。油烟经系统强制抽风，在往上流动的过程中与水雾交叉混合，由于此时风速不高，加入化油剂的水雾最大限度地与油烟混合并产生皂化反应，对油烟起到净化分离作用，油和气味全部随水而去。经过雾水区的水气混合物在水气分离扇的循环作用下，气体被抽风系统的风机抽走，水又流回水循环系统，这样就完成了油烟的净化。

2. 排风管道

排风管道是将烟罩内的烟气排出室外的管道。管道的大小和形状应根据排气流量和风速来定，排气流量越大，管道截面积就越大，风速越大，噪声就越大。因此，排风管道的设计应根据工作环境要求而定。

3. 引风机

引风机根据其工作原理可分为离心式、轴流式和贯流式三种，主要由叶轮、机壳、进风口、出风口、电动机等组成，在排油烟设备中起到源源不断地输送气体和排出气体的作用。

二、消毒设备

消毒设备分热水消毒槽、蒸汽消毒柜和电子消毒柜三种。

1. 热水消毒槽

热水消毒槽通常是用消毒篮盛装洗净的餐具，在槽内沸水中煮沸5分钟进行消毒。

2. 蒸汽消毒柜

蒸汽消毒柜是将蒸汽通入柜中，对洗净餐具进行消毒。

3. 电子消毒柜

电子消毒柜在现代西餐厨房使用较多，按照工作原理不同可分为红外线消毒柜、低温型电子消毒柜和臭氧电子消毒柜。

（1）红外线消毒柜。红外线消毒柜又称高温型电子消毒柜，其基本工作原理是以远红外线加热元件为热源，利用红外线加热快、穿透力强、杀菌效果好的特点进行高温消毒，其最大的特点是消毒速度快，消毒彻底，无污染、安全可靠。

（2）低温型电子消毒柜。低温型电子消毒柜具有灭菌效率高、不烫手、耗电少、消毒后餐具不变形等优点。这种消毒柜适用儿童餐具、茶具、塑料餐具、木竹餐具等。

（3）臭氧电子消毒柜。臭氧电子消毒柜一般采用无声放电法产生臭氧，其工作原理是当空气或氧气通过具有高压高频电流的电极时，氧分子在高速运动着的电子轰击下发生电离，使得一部分氧分子聚合成臭氧分子。由于臭氧的相对密度比空气大，所以臭氧电子消毒柜一般将臭氧发生器装在消毒柜的顶部中央，让臭氧分布更为均匀和广泛。

第六节　现代西餐厨房常用用具

一、锅、盘用具

西餐的锅一般为平底锅，有的锅比较浅，看起来像一个盘子，因此西餐中比较浅的锅又称为盘。西餐会根据不同的烹调方法选择不同的炊具，如制汤有汤锅、做少司有厚底少司锅等。西餐常见的锅、盘有：汤锅、厚底少司锅、双柄炖锅、煎盘、平底焙烤盘、双层蒸锅、烤肉盘（图3-14）等。

现代西餐厨房
常用用具

1. 汤锅

汤锅比较深，看起来像桶，因此汤锅又称为汤桶。一般汤锅有大、中、小三个型号，其体积大，圆桶形汤锅有盖，两侧有耳环。有的汤锅底部带水龙头，可以直接将液体放出，这种锅的特点是使用方便、省力，一般用于西餐基础汤的熬制。

图 3-14　锅、盘

2. 厚底少司锅

厚底少司锅有单柄和双柄两种，一般双柄用不锈钢制成，较重。单柄一般为铝锅，质地较轻，便于操作，适合于在炉灶上操作。厚底少司锅主要用于汤菜、少司和各种液体菜肴的制作。

3. 双柄炖锅

双柄炖锅是一种重而浅的圆形锅，底部较厚，加热时受热速度慢，但受热均匀，主要用于西餐烩和焖类菜肴的制作。

4. 煎盘

煎盘分直边煎盘和斜边煎盘两种，大小有不同的型号，又称平底锅，适于煎炒鸡蛋、蔬菜、各种肉类菜肴，有不锈钢、铝、铸铁三种材质。现代西餐厨房煎盘表层一般有不粘层，操作更方便。

5. 平底焙烤盘

平底焙烤盘一般为长方形浅盘，用来烤蛋糕、面包和点心，也可用于烤各种肉类菜肴。

6. 双层蒸锅

双层蒸锅的上层底部带孔，可通入蒸汽，用于盛装原料，下层与汤锅类似，用于盛水，加热时产生的蒸汽可对上层原料进行加热。双层蒸锅一般用于烹调需低温、不能直接加热的菜肴。

7. 烤肉盘

烤肉盘是一种加厚、加深的长方形盘，两侧带耳环，主要用于烤制肉类菜肴。

二、衡量用具

西餐的配方是以克、毫升、勺等为计量单位，因此需要相应的衡量用具进行衡量，常见的衡量用具有秤、量杯、量匙、长把汤勺、温度计、弹簧勺（图3-15）等。

1. 秤

秤有磅秤、台秤、电子秤三种，主要用于固体原料的称量。现代西餐厨房使用电子秤较多，电子秤通过数字显示，可直接读出物品的重量，精确度高、误差小。

2. 量杯

量杯主要用于液体的量取，如水、油等，量取方便、快捷、准确。其材质有玻璃、铝、塑料等。

3. 量匙

量匙专用于少量原料的称取，特别是干性材料。量匙通常由大小不同的 4 个组合成套，分大量匙、茶匙、1/2 茶匙及 1/4 茶匙。

| 秤 | 量杯 | 量匙 |
| 长把汤勺 | 温度计 | 弹簧勺 |

图 3-15　衡量用具

4. 长把汤勺

长把汤勺用来称量液体，以盎司为计量单位，刻度标在勺把上。

5. 温度计

现代西餐厨房使用的温度计有肉用温度计、油脂温度计和电子温度计等。肉用温度计主要用于测量肉类内部温度。油脂温度计主要用于测量烹调时油温的温度。电子温度计带有感应测试头，可以迅速测量及显示液体、菜肴及室内的温度。

6. 弹簧勺

弹簧勺有一杠杆装置，可以通过勺内弹簧装置控制称量的原料分量，主要用来称量柔软的固体原料，如土豆泥、冰淇淋等。

三、刀具

刀具是西餐厨房切割烹调原料的工具，根据原料的不同和加工要求的不同，会选用不同的刀具。常见的西餐刀具有：法刀、色拉刀、剔骨刀、片刀、锯齿刀、屠刀、牛排刀、砍刀、牡蛎刀、削皮刀、车轮刀、月牙刀、雕刻刀（图 3-16）等。

1. 法刀

法刀适用于一般切割工作，如切片、丁、丝，剁碎等，刀身比较宽，是现代西餐厨房常用的工具。

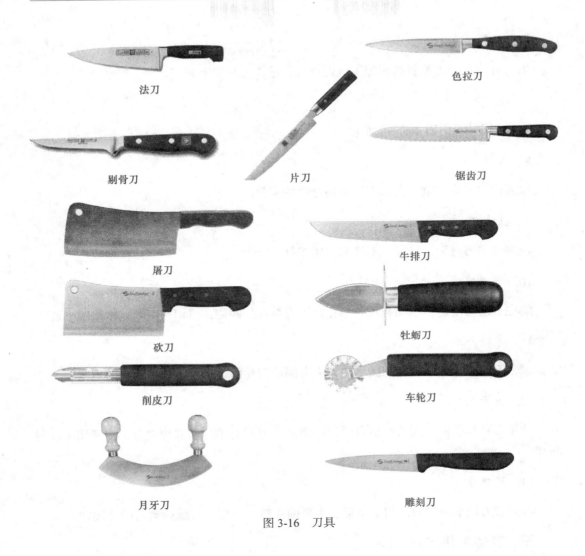

图 3-16 刀具

2. 色拉刀

色拉刀是一种较窄的尖刀，主要用于切割蔬菜、水果。

3. 剔骨刀

剔骨刀是刀身既薄又窄的尖刀，用于畜禽类的剔骨和切片。

4. 片刀

片刀的刀身窄而长，可弯曲，用于熟肉的切割成片。

5. 锯齿刀

锯齿刀的刀身和片刀相似，刀刃呈锯齿形，适用面包、蛋糕的切割。

6. 屠刀

屠刀常用于肉类原料的初加工，刀身宽、重，刀片微上翘。

7. 牛排刀

牛排刀主要用于牛排的精加工。

8. 砍刀

砍刀的刀身厚、重、宽，用于斩切带骨的原料。

9. 牡蛎刀

牡蛎刀的刀身短，坚硬，不锋利，用于打开牡蛎。

10. 削皮刀

削皮刀的刀身短，中部有长条形孔，刀刃在孔的两侧，可用于蔬菜、水果的去皮。

11. 车轮刀

车轮刀的刀身为可旋转的圆形，刀刃在圆形刀片的边缘，可用于面皮的切割。

12. 月牙刀

月牙刀有双手柄，因刀片呈月牙形而得名，刀片有单片和双片之分，主要用于原料的剁碎。

13. 雕刻刀

雕刻刀为短小的尖刀，用于蔬菜、水果的修整、去皮，可雕刻菜肴的装饰物。

四、其他常用工具

除上述衡量用具、刀具外，现代西餐厨房常用的工具还有磨刀棒、砧板、挖球勺、厨叉、抹刀、弯铲、塑料扁铲、派铲、夹子、撇沫器、手勺、蛋抽、锥形滤网、帽形滤网、四面刨、肉锤、裱花嘴和裱花袋、甜点刷、开罐器（图3-17）等。

1. 磨刀棒

磨刀棒为表面粗糙的钢棒，通过刀刃在钢棒上的摩擦使刀刃锋利。

2. 砧板

砧板有木质砧板和树脂砧板两种。树脂砧板易清洁、切刮不掉屑，在现代西餐厨房中使用较多。

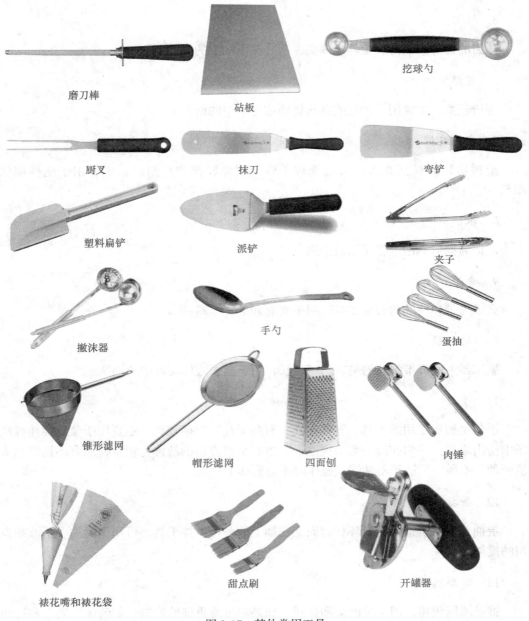

图 3-17　其他常用工具

3．挖球勺

挖球勺的刀身呈半球形，刀刃位于半球边缘，可将蔬菜、水果挖成球形。

4．厨叉

厨叉一般为带两齿的尖叉，用于叉起或翻转高温的肉类原料。

5. 抹刀

抹刀的刀身长而薄、柔软、圆头，适合抹蛋糕上的奶油。

6. 弯铲

弯铲较宽，主要用于铲起或翻转烤箱或扒炉中的原料。

7. 塑料扁铲

塑料扁铲为长柄宽头，头边缘较柔软，用橡胶或塑料制成，主要用于搅拌糊状原料。

8. 派铲

派铲为楔形，用于将派从盘中取出。

9. 夹子

夹子为带弹性的剪刀形工具，用于夹起和翻转原料。

10. 撇沫器

撇沫器为底部带细孔的勺，勺柄较长，用于撇去液体菜肴中的泡沫。

11. 手勺

手勺是厨房常用的工具，有些带孔，有些无孔，勺柄较长，主要用于菜肴搅拌或从汤中捞出原料。手勺前部一般为椭圆形，也有呈长方形的被称为铲。材质有不锈钢和木质两种。木质手勺适于不粘锅，操作时不会破坏不粘层。

12. 蛋抽

蛋抽是用不锈钢丝卷成环状后固定在柄上的一种搅拌工具，可用于奶油、蛋液和少司的搅拌。

13. 锥形滤网

锥形滤网较粗，用于过滤汤和少司。如果需过滤更细的原料，如清汤，则需和过滤纸或纱布搭配使用。

14. 帽形滤网

帽形滤网的滤网较细，用于过滤汤和少司。

15. 四面刨

四面刨的四面孔眼大小各不同，可以磨出不同尺寸的蔬菜、奶酪的丝或碎。

16. 肉锤

肉锤分木质和金属质两种，表面呈条纹、平面、钉状三种，主要用于肉类原料的拍平、拍松软等。

17. 裱花嘴和裱花袋

裱花袋分布袋和塑料袋两种，底部开口，可以装不同裱花嘴以达到挤出不同形状奶油的效果。

18. 甜点刷

甜点刷通常用于原料表面刷蛋液或油脂。

19. 开罐器

开罐器分固定式和便携式两种。固定式需要固定在操作台边缘，便携式为剪刀形。开罐器的工作原理是将刀片插入罐头边缘，再通过旋转罐头以达到开罐的目的。

拓展与思考

（1）西餐厨房中常见设备与用具的种类和特点有哪些？

（2）西餐厨房中常见设备与用具的分类方法是什么？是怎么使用和维护的？

（3）西餐厨房中常见设备与用具的安全使用原则是什么？

（4）如何保持西餐厨房的整洁、干净和卫生安全？

常见西餐原料的加工与应用

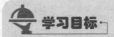

学习并了解西餐中刀工的概念、意义；熟悉西餐常用刀法的应用。

掌握西餐常用蔬菜、禽类、畜类、水产品原料的加工方法；能独立完成各类原料的加工。

常见西餐原料
加工与应用

西餐常用原料包括植物性原料和动物性原料两大类。常用动物性原料分为畜类、禽类及水产品类。其中大多数原料是不能直接用来烹调的，必须经过初加工的程序和方法，使动物性原料能按照不同的种类、不同的性质、不同的部位、不同的用途及不同菜肴的成品要求进行不同的加工，然后进行下一步切配和烹调。如果原料的初加工不符合规格和要求，不但会影响菜肴烹调的成品质量和美观，还会造成浪费，甚至影响到经济效益。所以，西餐原料的加工不仅是一个简单的操作，而是复杂的生产过程和精细技术的合成，在整个烹调过程中起着举足轻重的作用。

第一节　西餐刀工与成形

一、刀工

（一）刀工的定义

刀工是根据烹调或食用的要求，应用不同的刀法，将原料加工成符合要求形状的操作技术。

（二）刀工的作用

菜肴的原料复杂多样，而烹调对原料的形状和规格有严格的要求，刀工不仅决定原料的形状，而且对菜肴的色、香、味、形也起着重要的作用。刀工的作用主要有以下几点。

1. 便于烹调、便于食用、便于入味

对于一块体积较大的菜肴，人们在进食时往往感到不方便，需要烹调师用刀具将大块的原料切成小块，以方便烹调和食用。体积较大的原料在烹制时调味品加入后不容易渗透到原料内部，也必须用刀工将其切成各种形状或在其表面刻上刀纹，以扩大原料的接触面积、使原料快速入味，易于成熟，从而保持菜肴的风味特色。

2. 美化原料，美化菜肴，增进食欲

同一原料，采用不同的刀工处理后会形成不同的形状，使菜肴在形式上多样化，如片、丝、条、块。使用不同的刀工，再结合烹调，则能制作出规格一致、匀称统一、整齐美观的菜肴，更增进食欲。

3. 改变原料的质感

原料的自然形态各不相同，质地有老有嫩、有骨无骨等区别。不同的原料，为了配合不同的烹调需求，必须用刀工进一步加工、处理来改变原料的大小、形状、质地，以确保原料在烹调后达到理想的质感。通过刀工处理可使原料的纤维组织断裂或解体，再通过烹调取得菜肴嫩化的效果。

4. 保证菜肴的定量

西餐的习惯吃法是每人一份，很多菜肴都是一块整料，如牛扒、羊排、鱼块等，这要求烹调师要熟练掌握菜肴的定量，操作时要运用合适的刀法，下刀准确，使每份菜肴都符合定量标准，制作的菜肴才能分量统一。

（三）刀工操作的规范

1. 刀工操作的准备

（1）刀工操作前应使操作台稳定、不摇晃。摇摆不稳的操作台容易造成人身伤害，降低工作效率。

（2）平整菜板。使菜板平整，垫好毛巾，确保菜板在刀工操作时不滑动。

（3）注意操作台及周围与个人卫生。例如，首先要求洗手和洗净所用工具，以确保整个操作环境的卫生。

（4）确保使用的刀具锋利，俗话说"工欲善其事，必先利其器"，刀工操作者首先要求刀具锋利，所以要经常磨刀。一般磨刀常用磨刀石与磨刀棒。用磨刀石磨刀时应选择合适的磨刀角度，通常保持角度在20°～30°，角度过小与过大都会影响刀具的锋利。用磨刀棒磨刀时，从西餐刀的刀根或刀尖向另外一端磨，两侧要均匀一致，用力均匀。磨完刀后注意用水洗干净，再用毛巾擦干，防止生锈，确保刀具的卫生。

2. 操作姿势

刀工是细腻且劳动强度较大的手工操作技术，合适的姿势是保证刀工质量的前提。一般操作时，要求两腿自然分开站稳，上身略向前倾斜，腰背挺直，目光注视双手操作部位，身体与菜板保持约10厘米的距离。一般右手握刀，左手持原料配合落刀，双手应紧密有节奏地配合。如果左手按住原料，控制移动的距离和移动的快慢，必须与持刀的右手相配合。切原料时左手弯曲，手掌压着原料，中指上端第一关节顶着刀身，使刀有目标地切割；刀刃不能抬得过高，否则容易切伤手指。右手下刀要准。注意切配时生熟原料应分开放置，防止交叉污染。

3. 刀工操作的要求

烹调师要有健康的身体、耐久的臂力与腕力。刀工操作时思想要高度集中，脑、眼、手合一，双手紧密而有规律地配合，注意操作姿势并讲究安全、卫生。

4. 原料的使用要求及原则

刀工操作时，对原料要掌握"量材使用、小材大用、物尽其用"的原则，同样的原料，选用合适的刀法，不仅能使成品美观，还能节约原料，降低成本。

（四）西餐常见的刀法

刀法，是使用不同的刀具将原料加工成形时采用的运刀技法，即对原料进行切割时的运刀方法。根据运刀时刀身与菜板平面及原料的角度，一般分为直刀法、平刀法、斜刀法及其他刀法等。

1. 直刀法

直刀法操作时刀刃向下，刀身与菜板呈 90° 进行切割。直刀法是西餐中运用最为广泛的刀法，由于原料性质和形态要求不同，直刀法可分为切、剁、砍等几种。

1）切

切是指刀与菜板和原料保持垂直的角度，左手按稳原料，右手持刀，由上而下的一种运刀方法，一般用于植物性原料与无骨动物性原料的切割。切时以腕力为主、小臂力为辅。操作中根据运刀方向的不同，可分为直切、推切、锯切、滚刀切、拉切、铡切等切法。

（1）直切，又称跳切，是指运刀方向直上直下，刀与菜板方向垂直的运刀方法。操作时右手持刀，运用腕力，带动小臂，左手按住原料。一般是左手弯曲，并用中指上端第一关节抵住刀身，与其余手指配合，根据切片规格，不断向后移动；右手持刀一刀一跳直切断料，双手密切配合。直切适用于脆性植物性原料。

（2）推切，是刀的着力点在中后端，刀与菜板或原料垂直，运刀方向由原料的右上方向左下方推进的切法。操作时持刀稳，靠手腕力量。从刀前端推到刀的后端，一刀到底切断原料。推切时，进刀轻柔有力，确保推断原料，如西餐中切三明治即采用此刀法。推切适用于略有韧性的原料及细嫩的原料。

（3）锯切，又称推拉切，是运刀方向为前后来回推拉的一种切法。适用于质地坚韧或松软易碎的熟料，如大块牛肉、面包等原料。锯切下刀要垂直，不偏外、不偏里，否则，不仅加工原料的形状、厚薄、大小不一，而且还会影响以后的下刀效果。锯切时，下刀用力不宜过重，需腕灵活，运刀稳，收刀干脆。某些易碎、易裂、易散的原料，如果下刀过重或者收刀过缓，会断裂散烂。另外，锯切时，对待特别易碎、易裂、易烂的原料，应适当增加切的厚度，以保证形状完整。

（4）滚刀切，是指原料滚动一次切一刀的连续切法。适用于圆形或长圆形质地硬的原料，如萝卜、土豆、香肠等。操作时左手按住原料，根据原料成形规格要求确定滚动角度，如大块原料滚动角度大，反之小，右手下刀的角度与速度必须密切配合原料的滚动，滚动一次，切一刀。

（5）拉切，又称拖刀切，刀的着力点在刀的前端，指运刀方向由左上方向右下方拖拉的切法，适用于体积薄小、质地细嫩易裂的原料。操作时，先进刀再顺势向后方一拉到底。

（6）铡切，西餐铡切是指将西餐刀的刀尖压在菜板上作为支点，刀的中端或前端压住原料，然后再压下去的切法。铡切时，右手握住刀柄，左手按住刀背前端，运刀时，刀根着菜板，则刀尖抬起；刀根抬起，则刀尖着菜板。刀根刀尖一上一下，反复铡切断原料。运刀时，双手配合，用力要均匀，恰到好处，以能断料为度。

2）剁

剁是指刀垂直向下频率较高地剁碎原料的刀法，或将原料剁松的刀法。剁时右手持刀稍高于原料，运刀时用手腕为主，带动小臂，刀口垂直向下反复剁碎原料。剁又分为排剁与点剁。

（1）排剁，刀与原料垂直，一般双手持刀，高效率地将原料切成蓉的方法。

（2）点剁，是在原料表面用刀尖或刀根剁数下，剁断相连的筋膜，使原料，特别是动物性原料在加热过程中不易变形、不易收缩。

3）砍

砍，又称劈，是指用砍刀用力向下将原料劈开的刀法。根据砍的力度不同，砍分为直刀砍、跟刀砍两种。

（1）直刀砍，将刀对准要砍的部位，运用臂膀之力，垂直向下断开原料的方法。一般适用于体积较大的原料，如火鸡、火腿等原料。操作时右手必须紧握刀柄，将刀对准原料要砍的部位直砍下去。下刀要准，速度要快，力量要大，以一刀断料为好。以"稳、准、狠"为原则。有骨的原料如反复砍易出现有碎骨的情况，且不易被发现，以致影响菜肴品质。

（2）跟刀砍，是将刀刃先稳稳地嵌进要砍原料的部位，刀与原料一起落下，垂直向下断开原料的切法。一般适用于下刀不易掌握、一次不易砍断而体积又不是很大的原料。

2. 平刀法

平刀法又称片刀法，是使刀身平面与菜板面平行或接近平行的一类刀法。按运刀的不同手法，又分为平刀片、推刀片、拉刀片、推拉刀片，适用于加工无骨的原料。

（1）平刀片，刀身与菜板平行，刀刃从原料一端一刀平片至另一端断料，一般用于无骨细嫩的原料。操作时，持平刀身，进刀后控制好厚度，一刀平片到底。双手配合要好，左手按住原料的力度要合适，右手持刀要稳，不能抖动，使原料断面尽量平整。

（2）推刀片，刀身与菜板平行，刀刃前端从原料右下角平行进刀，然后由右向左将刀刃推进，运用刀片切断原料的刀法，适用于体积小、脆嫩的植物性原料。操作时，持刀要稳，左手食指平按原料上，力度要合适，右手推刀要果断有力，一刀切断原料。

（3）拉刀片，刀身与菜板平行，刀刃后端从原料右上角平行进刀，然后由右向左将刀刃推进，运刀时向后拉动刀片切断原料的刀法。操作时，持刀要稳，刀身与原料平行，出刀有力，一刀断料；拉刀的着力点放在刀的前端，刀片进后由前向后片下来。

（4）推拉刀片，又称锯片，是推刀片与拉刀片合并使用的刀法。

3. 斜刀法

斜刀法是指刀身与菜板呈倾斜状的一类刀法。按运刀方向不同又分为正斜刀法与反斜刀法。

（1）正斜刀法，又称内斜刀，指刀背向右、刀口向左、刀身与菜板呈锐角并保持一定角度切断原料的方法，适用于有韧性、体薄的原料。操作时，对片的薄厚、大小及斜度的掌握，要根据原料的要求来确定，靠眼睛观察双手的动作与落刀的位置。

（2）反斜刀法，又称外斜刀法，指刀背向左、刀口向右，刀进原料后由里向外、刀身呈锐角运刀切断原料的方法，适用于脆性植物原料与易滑动的动物性原料。

4. 其他刀法

（1）旋，又称"车"，右手持刀，左手持原料，入刀后左手将原料向右旋转，刀与持原料的手相互用力，不停地转动，使原料外皮薄而均匀地片下，如旋苹果、梨等。

（2）拍，用拍刀等进行拍蒜、拍肉类等原料的一种方法。

（3）剔，是指对带骨原料进行剔骨、剔肉等。

（4）砸，又称捶，用刀背将原料砸成泥蓉的刀法。

（5）挖，利用挖球器挖原料的一种方法。

（6）刮，是指用刀将原料表皮或者污垢去掉的运刀方法，如刮鱼鳞等。

（7）削，是指用刀平着去掉原料表层的运刀方法，如原料初加工中削菜头、芦笋等。

二、原料成形

原料经过相应的刀工处理后，形成不同的形状，便于烹调和食用。西餐中原料多种多样，常见的成形形状有块、丁、粒、末、丝、条、片、滚刀块、橄榄形、旋花、球形和沟槽形。

（一）块

西餐的块通常适用于长时间烹制的菜肴，例如各种炖菜或烤肉。原料成形一般为20～25立方毫米。详见下面常见食材原料的形状规格（表4-1）。一般采用切与砍两种刀法使原料成块状。

1. 切

质地松软、脆嫩的原料都采用切的方法，如蔬菜类都可以直接切；去骨原料也可以用推切或者拉切的方法切成各种形状。切块时，一般先将原料的皮、瓤、筋、骨去掉，如原料块大，先改成条形，再切成块，如原料体型较小，即可直接切块。

2. 砍或斩

对于质地较韧，或有皮有骨的原料及大块，可以采用砍的刀法使其成块。例如，各种带骨的鱼类、肉类等，可用斩、砍等刀法斩、砍成块。原料体积、形体较大时，要先分段、分块加工成为适宜砍块的条形后再砍成块状。

（二）丁、粒、末

（1）丁的种类比较多，通常有大丁、中丁、小丁之分。通常6～20平方毫米的块都称为丁。丁的成形一般先将原料切成厚片，再将厚片切成条，然后将条切或斩成丁。丁的大小决定于条的粗细与片的厚薄。丁一般要见方。

（2）粒的形状较丁小，粒的成形方法与丁相同。

（3）通常1～3立方毫米的颗粒称为末。一般是将原料剁、铡成细末，如肉末、欧芹末。

（三）丝、条

1. 丝

切丝时，一般先将原料切片，然后把片排叠后切成丝。丝的粗细与片的厚薄和切丝时的刀距有关：片厚、刀距长则丝粗；片薄、刀距短则丝细。片的排叠一般有三种方法：其一是排成梯形，大部分原料适合排成梯形；其二是上下整齐排叠法，整齐叠切适用于少数原料，如芝士片等；其三是卷筒形叠放，适用于面积较大、较薄的原料，如卷心菜等，可将其卷起再切丝。

2. 条

条的形状与切法都和丝相似，操作时先将原料切成厚片，再将厚片切成条。

（四）片

使原料成片状，可采用切和片两种刀法。

1. 切

切为最常用的制片法，适用于韧、细嫩的原料，如肉类可以采用推切或拉切的刀法；蔬菜类可采用直切的刀法。

2. 片

片适用于质地较松软，直切不易切整齐，或形状偏小、无法直切的原料，如鲜鱼、鸡肉等原料。

（五）滚刀块

切滚刀块滚刀时，原料滚动一次刀切一次，适用于质地脆、体积小的圆形或者圆柱形原料，如萝卜、笋子、香肠等。刀身与原料呈倾斜状，与原料的夹角角度小，切出的滚刀块狭长；与原料的夹角角度大，切出的滚刀块短宽。

（六）橄榄形

使原料呈橄榄形，一般采用旋的刀法，旋出五个或七个面。例如，胡萝卜橄榄，首先将胡萝卜切成节，再横竖各一刀将胡萝卜接切成4份，然后采用旋刀法将每块胡萝卜均匀地旋出五个或七个面，形成橄榄形，要求表面光滑、棱角分明、清晰。

（七）旋花

旋花主要适用于白蘑菇。将小刀的刀尖顶在蘑菇的中点上，用腕力压动刀刃，顺时针方向在蘑菇盖上依次刻出沟槽。

（八）球形

用蔬果挖球器可从蔬果中挖出圆形的小球。

（九）沟槽形

用雕刻刮槽刀，可在原料表面刮出均匀的 V 形槽，再切成圆片或半圆片。常见食材原料的形状规格如表 4-1 所示。

表 4-1 常见食材原料的形状规格

形状	常见西餐刀工成形规格
细末	1.6 立方毫米的正方形颗粒
细粒	3 立方毫米的正方形颗粒
小丁	6 立方毫米的正方形丁
中丁	10 立方毫米的正方形丁
大丁	20 立方毫米的正方形丁
块	20~25 立方毫米的正方形块
细丝	1.6 毫米 ×1.6 毫米 ×60 毫米的丝
细条（粗丝）	3 毫米 ×3 毫米 ×60 毫米的条
中条	6 毫米 ×6 毫米 ×75 毫米的条
大条	12 毫米 ×12 毫米 ×75 毫米的条
小片	12 毫米 ×12 毫米 ×3 毫米的小片
滚刀块	将长条形状的原料滚动切割，切成的楔形块
橄榄形	将长条形状的原料圆柱形切削，削成 5 个或 7 个相同面的橄榄形，50~80 毫米长

第二节 常用蔬菜原料的加工

一、土豆（potato）

土豆又名马铃薯，是西餐中最重要的蔬菜之一。可做成配菜、汤菜或沙拉等。土豆的初加工比较简单，一般就是清洗干净、去皮，刀工成形即可使用。通常将土豆加工成土豆片、土豆块、薯条、薯网、薯球、土豆泥等（彩图1）。土豆去皮后须浸泡在水中，避免表面变色。

常用蔬菜
原料的加工

二、洋葱（onion）

洋葱又称葱头、球葱、圆葱等。西餐中洋葱一般可以用来制作沙拉、炸洋葱圈，更多是作为调味蔬菜，用于汤、菜肴、少司中。洋葱外皮有白色、紫红色之分。红皮洋葱味浓郁，适用于烹调、调味等；白皮洋葱味清淡、微甜，适用于沙拉或配菜。洋葱的初加工一般先用刀划开表皮，去掉外皮、清洗干净、刀工成形即可使用。一般加工成洋葱丝、洋葱碎、洋葱块、洋葱圈等（彩图2）。

三、芹菜（celery）

芹菜包括中国芹、西芹两种，在西餐制作中都大量使用。初加工的方法一般都是去叶、去筋后清洗干净，刀工成形即可使用（彩图3）。值得注意的是，中国芹菜味清香，一般作为调味蔬菜使用；西芹口味清淡、质感嫩脆，一般做沙拉或配菜。

四、胡萝卜（carrot）

胡萝卜是西餐中重要的调味蔬菜之一，用于浓汤菜、沙拉等的制作。西餐使用的一般是广胡，初加工比较简单，一般为清洗、去皮，刀工成片、块、丝、条等形状即可使用（彩图4）。

五、番茄（tomato）

番茄也叫西红柿、洋柿子，除生食外，多用于制汤、制作少司、番茄罐头等。番茄的初加工相对简单，主要是清洗干净、刀工成形。但是要注意的是番茄切开后必须立即使用，否则会破坏其营养成分。另外，番茄一般连皮食用，因番茄皮含大量的番茄红素。西餐热菜在使用番茄时，一般先用刀在番茄顶部划一个小十字刀口，再放入沸水中焯烫1分钟左右，取出后用冰水浸泡、去皮即可使用（彩图5）。

六、蘑菇（mushroom）

蘑菇又称洋蘑菇，为西餐中最常用的食用菌类之一，可单独成菜，也广泛用于配菜、汤菜、少司中。蘑菇初加工的方法是，从蘑菇顶部用小刀旋转刻出花纹，形成蘑菇花，以去除蘑菇表皮，达到清洗干净的目的（彩图6）。

51

七、朝鲜蓟（artichoke）

朝鲜蓟又称洋蓟。味清淡，质地脆嫩。初加工时可先用小刀去掉外层刺皮，再切开花梗，对开后取出老纤维。清洗后用柠檬水稍煮用冰水冲洗后即可使用（彩图 7）。

八、芦笋（asparagus）

芦笋按色泽分为三种：绿芦笋、紫芦笋、白芦笋，其中紫芦笋品质最佳。芦笋初加工时先切去根部，留下 8～10 厘米的头部，再放入开水中煮熟后冲冰水即可使用。白芦笋一般可直接使用罐装已经成形的产品（彩图 8）。

九、西蓝花（broccoli）

西蓝花是西餐重要的蔬菜之一，使用广泛，其质地细嫩，味甘鲜美，营养丰富，可作为汤菜或单独成菜，也可作为肉类菜肴的配菜。西蓝花初加工时先用刀把西蓝花分割，去掉长茎，再放入开水中煮熟后，冲冰水即可使用（彩图 9）。

十、大蒜（garlic）

大蒜又称蒜头，有紫皮蒜、白皮蒜、瓣蒜与独头蒜之分。蒜在西餐中主要用于调味。大蒜初加工时用刀去根部，用刀拍开或压破表皮后即可使用，还可将其切碎或切片。在实际工作中，西餐大量使用蒜蓉或蒜末，可根据实际需要对蒜提前大量地加工，然后采用油泡的方法来保持蒜的本色（彩图 10）。

第三节　畜类原料初加工技术

西餐使用的畜类原料大多是分割好的各种牛、羊、猪肉类，但也有一些原料还要再次进行初加工或是加工。特别是一些大块原料的加工有很多技巧和要求。以下介绍几种西餐常用畜类原料的初加工方法和技巧。

肉类原料初加工
技术 - 肉禽类

西餐的牛肉（beef）种类繁多，一般都是经过初步分割成形的大块原料。初加工的目的是便于后序精细加工、分割、去筋膜等。

一、牛肉类

1. 牛柳（fillet steak）

先把牛柳用小刀去筋膜，再按需求分割成要求重量的圆柱形，冷冻至肉里面刚结冰，再用布包裹之后进行拍打，使其肉纹断裂，以达到肉质细嫩的目的，最后将肉用保鲜膜包裹冷冻即可（彩图 11）。

2. 西冷牛扒（sirloin steak）

西冷牛扒初步解冻后可用小刀去筋膜，剔掉多余的肥油，再按需求分割成要求重量的厚片，冷冻至肉里面刚结冰，用布包裹之后进行拍打，使其肉纹断裂，以达到肉质细嫩的目的，最后将肉用保鲜膜包裹冷冻即可（彩图 11）。

3. 肉眼牛扒（rib eye steak）

肉眼牛扒初步解冻后可用小刀去筋膜，剔掉多余的肥油，再按需求分割成要求重量的厚片，冷冻至肉里面刚结冰，再用布包裹之后进行拍打，使其肉纹断裂，以达到肉质细嫩的目的，最后将肉用保鲜膜包裹冷冻即可（彩图 11）。

4. T 骨牛扒（T-bone steak）

T 骨牛扒初步解冻后，用布包裹之后进行拍打，使其肉纹断裂，以达到肉质细嫩的目的，最后将肉用保鲜膜包裹冷冻即可（彩图 11）。

5. 牛腩（beef flan）

牛腩清洗后去掉多余的油脂、筋膜，分割后即可使用，一般作烩、焖、炖等菜肴使用（彩图 11）。

6. 牛仔骨（beef short）

牛仔骨初步解冻后可用小刀去筋膜、剔掉多余的肥油，冷冻至肉里面刚结冰，再用布包裹之后进行拍打，使其肉纹断裂，以达到肉质细嫩的目的，最后将肉用保鲜膜包裹冷冻即可（彩图 11）。

二、羊肉（mutton）类

西餐的羊肉种类繁多，一般都是经过初步分割成形的大块原料。初加工的目的是便于后序精细加工、分割、去筋膜等。

1. 羊柳（lamb loin steak）

羊柳的初加工是先把羊里脊用小刀去筋膜，再按需求分割成所需重量的圆柱形，冷冻至肉里面刚结冰，用布包裹之后进行拍打，使其肉纹断裂，以达到肉质细嫩的目的，最后将肉用保鲜膜包裹冷冻即可（彩图 12）。

2. 羊腿（mutton leg）

羊腿的初加工是先用小刀去筋膜、剔掉多余的肥油，再根据需要考虑是否去骨。已经去骨的羊腿初加工后，还必须用厨用棉线捆绑成形后才可使用（彩图 12）。

3. 羊鞍（lamb rack）

羊鞍就是带排骨和羊里脊的羊肉段，一般有 6～8 根排骨，初加工的时候先解冻后用小刀去筋膜、剔掉多余的肥油，用保鲜膜包裹冷冻即可（彩图 12）。

4. 羊扒（lamb chop）

羊扒就是把羊鞍肉初加工好后分割，去掉每根排骨上的筋膜，冷冻至肉里面刚结冰，用布包裹之后进行拍打，使其肉纹断裂，以达到肉质细嫩的目的，最后将肉用保鲜膜包裹冷冻即可（彩图12）。

三、猪肉（pork）类

西餐中猪肉类使用较少，主要使用的是猪里脊、猪排等部位的原料，初加工的目的是去筋膜、肥油等。

1. 猪里脊（griskin）

加工猪里脊时要切除边缘多余的油；用西餐刀尖挑开筋头，左手拉着筋头，右手握刀用力把筋剔掉，然后根据需要加工成块、片等形状。

2. 猪排（pork chop）

加工猪排时应顺着脊骨方向运刀，用刀尖使骨肉分离，然后用砍刀或锯将脊骨与肋骨斩断，使其分离；在距肋骨上面5厘米处，用刀剔去多余的肉，如果表面露出的肋骨有部分肉渣，还需将肉渣清理干净。

四、兔肉（rabbit）类

西餐常用的兔肉为兔腿或整兔，初加工主要是清洗、整理筋膜、去内脏等，注意：在兔肉的初加工中需要用水对原料进行冲洗、漂洗，以达到去腥、骚、异味的作用。通常先切下兔子的前腿与后腿，然后将余下部分分成两片。整兔适合整只烧烤；前腿、后腿适合煮、烩、烤；兔肉片适合煎、扒烹制。

第四节　禽类原料初加工技术

西餐使用的禽类原料大多是鸡、鸭、鸽子、火鸡等，其中最常用的是鸡肉。

一、鸡（chicken）

西餐常用的鸡肉为整鸡、鸡腿、鸡胸、鸡翅，在此介绍不同的鸡肉初加工方法。

1. 整鸡（whole chicken）

西餐常见的整鸡的初加工方法是先将整鸡去头、去爪、去内脏，清洗后鸡胸面朝上，再把鸡翅的第一关节折起靠在鸡背上即可使用。整鸡通常分卸为鸡腿、鸡翅、鸡架、鸡胸等部分。鸡肉的分档取料方法是先把鸡胸中间用刀切开，露出鸡胸脆骨后延骨头把鸡胸分开，一直到鸡前端的三角骨部位，再把鸡翻面在背部中间开一刀口，延三角骨部位划开鸡胸和鸡翅连接的三角骨，手握鸡翅用力向鸡腿方向拉下鸡胸、鸡翅，最后切断鸡胸、鸡翅分别保存。鸡腿向鸡背方向掰开，用刀切段关节即可取下保存。

2. 鸡腿（chicken thigh）

整只鸡腿的初加工相对简单，一般是鸡皮多的一面向上，另一面用小刀划刀口以便腌制时入味；鸡腿去骨手法较多，一般先用小刀把鸡腿主骨两边划开后，然后用小刀挑开鸡骨下面的肉，再取出主骨，最后把鸡腿肉质比较厚的部位片均匀、切断筋即可保存备用（彩图 13）。

3. 鸡胸（chicken breast）

从整鸡取下的鸡胸还需要进一步初加工，主要是去掉多余的筋膜、肥油，即可使用（彩图 14）。

4. 鸡翅（chicken wing）

鸡翅取下后，一般切掉和鸡胸相连的大块胸肉，并去掉翅尖，只使用鸡翅的两个关节。鸡翅上如果有未清理干净的细毛，要仔细清理干净。

二、鸭（duck）

西餐常见的鸭的初加工方法是先将鸭子去头、去爪、去内脏，清洗后鸭胸面朝上，再把鸭翅的第一关节折起靠在鸭背上即可使用。鸭肝等内脏一般清洗后可留下使用。鸭子一般残余的毛比较多，要仔细清理干净。

三、鸽子（pigeon）

西餐常见的鸽子的初加工方法是先用水将其闷死后去毛，取出内脏后清洗干净，鸽胗可留下一起使用（彩图 15）。

四、火鸡（turkey）

西餐常见的火鸡的初加工方法是先将火鸡去头、去爪、去内脏，清洗后火鸡胸面朝上，再把火鸡翅的第一关节折起靠在火鸡背上即可使用。火鸡内脏一般清洗后即可使用（彩图 16）。

第五节　水产品原料初加工技术

一、三文鱼（salmon）

三文鱼初加工时需先清洗再去鳞，去头、尾、内脏，然后分割成两片，去掉肚、腹部的主刺，再用夹子取出鱼背部的排刺，最后根据需要去掉鱼皮。注意：取出鱼背部的排刺时要顺着鱼肉的纹路，否则会破坏鱼肉的形状（彩图 17）。

海鲜及贝类原料
初加工技术 - 鱼类

二、石斑鱼（grouper）

石斑鱼初加工时先清洗再去鳞，去头、尾、内脏，然后分割成两片，去掉肚、腹部的主刺，最后去掉鱼皮（彩图18）。

三、吞拿鱼（tuna）

吞拿鱼体型较大，一般都是分割好的鱼肉，初加工主要是分割成形。须注意的是，必须按照鱼肉纹路来分割（彩图19），否则烹调后会出现分离的现象。

四、比目鱼（flounder）

比目鱼初加工时先清洗，再用刀在鱼头处割一小口，用手拉掉表皮，去头、尾、内脏，再从中线分开两边的鱼肉，翻面后再次从中线分开两边的鱼肉，一共可取出四片鱼肉（彩图20）。

五、鳕鱼（codfish）

鳕鱼初步解冻后先分割成两片，去掉鱼鳞、鱼皮，再去掉肚、腹部的主刺和脊骨即可使用。

六、鳟鱼（trout）

鳟鱼初加工时先清洗再去鳞，去头、尾、内脏，然后分割成两片，去掉肚、腹部的主刺，最后去掉鱼皮（彩图21）。

七、龙虾（lobster）

龙虾初加工时先用竹签从虾尾插入，放掉虾尿；从龙虾头部中间入刀，纵向将龙虾剖开；把龙虾旋转180°，从原切口处入刀，把头也从中间切开，然后取出龙虾头的虾脑；分割龙虾成块后即可使用。冰冻龙虾解冻后，直接分割即可（彩图22）。

八、大虾（prawns）

大虾初加工包括去头、壳、尾、沙线等。根据不同需要有时用竹签在虾头部挑出沙线；有时要去虾头，留虾尾。需注意的是虾尾有个小尖必须去掉（避免刺伤食客），方法是用手握住虾尾的四个瓣使它弯曲，再反方向拉虾壳即能轻易地去壳留尾，而不留下尖尾。去壳时用指尖一次抠掉大虾腹部的壳，就能很容易地去掉虾壳（彩图23）。

九、蟹（crab）

蟹的初加工一般是先用刀从根部砍掉蟹钳，再把刀尖插入到蟹壳一边，用手拉起蟹壳，清洗掉鳃、泥沙、内脏等，最后去掉其余爪的爪尖即可（彩图24）。

十、牡蛎（oyster）

牡蛎的初加工的主要是用清水加少许油使活牡蛎吐出泥沙即可，再用牡蛎刀撬开牡蛎（彩图 25）。

十一、蛤蜊（clams）

蛤蜊初加工时先用清水加少许油使蛤蜊吐出泥沙，再用小刀撬开蛤蜊，去掉黑色内脏部分，清洗干净即可（彩图 26）。

十二、青口（mussel）

青口初加工时先用开水烫 1 分钟左右，再用小刀从青口有线足的一边撬开，再去掉线足部分，清洗干净即可（彩图 27）。

海鲜及贝类原料
初加工操作
视频 - 鱼类

十三、扇贝（scallop）

扇贝初加工时先用刀刮干净表壳，再从缝隙中用小刀切进去，从壳平的一边割断肌腱，将扇贝打开，去掉黑色部分的泥沙，清洗干净即可（彩图 28）。

十四、鱿鱼（squid）

初加工鱿鱼时先拉出头部，抽出脊背骨，除去鱿鱼的内脏，撕掉外皮；头部切去眼睛，留鱿鱼须。再将鱿鱼切成鱿鱼圈或鱿鱼花等形状（彩图 29）。

拓展与思考

（1）常用根茎类蔬菜原料适用于哪种刀法？

（2）如何综合利用所学的刀法进行原料加工？

（3）切的刀法是如何细分的？

第五章

西餐调味技术与应用

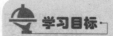

学习目标

　　学习并了解中餐、西餐调味技术的差异。熟悉西餐调味的理念；熟悉西餐调味常用的专业术语和调味的基本原则。

　　掌握西餐基础汤的概念、配方、制作方法和应用范围，并能够按照标准规范操作。掌握西餐常见基础少司的概念、配方、制作方法和应用范围，并能够按照标准规范操作、应用与变化。

西餐调味
技术与应用

　　在现代社会中，人们进餐的目的不仅是满足果腹之欲，更多的是对美食、美味和营养膳食等多方面的追求。因此，对现代的西式烹调师来说，如何利用新鲜、天然的食材，运用正确的调味技术，制作出风味浓郁的少司，已经成为西式烹调工艺的关键。所以，西餐调味技术是西式烹调中的重要环节。

第一节　西餐调味概述

　　西式烹调与中式烹调的最大差异在于，中式烹调通常是将主料、辅料和少司等都放在一个锅中加热烹制，成菜迅速，一锅成菜，菜肴风味呈现为综合的复合味型；而西式烹调通常是将主料、配料和少司分开制作，最后成菜时再组合在一起，菜肴风味呈现为主料、配料和少司的本味。因此在品尝西式菜肴时，通常更注重菜肴原味的表现，以感受食材自然的风味。

西餐调味
工艺概述

一、西餐调味的原则

1. 讲求新鲜，注重本味

　　在西式烹调的制作过程中，注重食材原汁原味的风味体现。调味品和调味技术的应用，只是为食材的风味锦上添花，辅助增香，而不能掩盖食材的原味。例如煎牛扒，就要吃到牛肉肉汁的原味；烹调水产品，就要体现出水产品的本味。若食材新鲜度不够，则会影响菜肴的整体风味。因此，选用优质新鲜的食材，是西餐调味的技术保障。

2．擅长使用香料

西餐调味擅长使用各种香草和香料。西餐常用的香草和香料是以不同地区和国家所产的各种植物香草为主。这些花色繁多的香草，清香适宜，适合不同的食材和烹制方法，也可以将新鲜的香草和干制的香料搭配使用。因此，有些西式烹调师常常在厨房的花园中种植独特的香草，不仅用作菜肴调味，也用于菜肴的装盘装饰，可谓一举两得。

3．活用酒水

西式酒类品种繁多，物美价廉，因此在西餐调味中，酒的使用量很大。西式烹调师针对不同的食材、不同的菜肴，会使用不同的酒类来调味，以达到去异增香的作用。例如，烹调肉类时常加入白兰地点燃，烧出酒香味，再加入干白葡萄酒或干红葡萄酒浓缩，煮出香味，以去异增香；常见的宝石红波特酒多用于制作各式特色酱汁，烹制鹅肝时，通常配以波特酒制作的酱汁，搭配鹅肝的细腻和醇香；各种甜白酒因为其风味精细、适口酸甜，可用于制作甜点和水产品菜肴；在制作甜点时若使用利口酒或朗姆酒可以淡化奶油的甜腻。

4．注重调味的时机

根据食材的特性和风味特点，西式烹调在制作中注重调味的时机，讲究烹调前、烹调中和烹调后调味。例如，肉类原料在加热烹制前，往往只先加入适量的香草、酒类腌制，不加盐，只是在准备烹制时，才加盐进行基础调味，以避免损失过多的肉汁和原味。在菜肴烹制中，会加入适量的酒类和香草调味，但若加热时间过长，香草的香味就会散失，因此在烹调后，需补充加入适量的香草以增香提味。

通常，西式菜肴在烹制结束时才加盐和胡椒粉等调料，以确定菜肴的整体风味，因此，也可以说，西餐更讲究烹调后调味。

二、西餐调味的预制加工

在西式烹调中，专业烹调师常用"mise en place"来表达对食材的预制加工，这是一个法文词组，用英文表达为"to put in place"，字面含义是指把相关的材料物品配置在适当的地方。从专业角度看，它不仅是指把食材、锅具等烹调原料和设备进行合理运用和搭配，更重要的是，这个词组还代表一个全局意识的管理观念，要求每一位烹调师在食材加工准备期间，对于后期制作的每一个细节、过程和服务环节都要进行综合考虑和安排。

西餐调味的
预制工艺

在西餐调味的预制加工中，常常会用到以下的加工技术。

（一）调味蔬菜（mirepoix）

Mirepoix 可以音译为"密尔博瓦"，它是法文烹调术语，通常是指由洋葱、胡萝卜和西芹组成的调味蔬菜组合。这些蔬菜的本味清香，不会压制菜肴中主料的风味，有增

香、提味的作用。

在传统法式烹调中，调味蔬菜不只局限于这三种蔬菜的组合，通常本味清香的其他蔬菜也常被用来和菜肴搭配，起到辅助调味的作用，如韭葱、欧洲防风萝卜、大蒜、番茄、红葱、蘑菇、胡椒和姜等。

西餐中常用的调味蔬菜分为以下三种类型。

1. 标准调味蔬菜（standard mirepoix）

【原料】（500克）洋葱250克，胡萝卜125克，西芹125克。

【制作方法】根据菜肴烹制时间的长短，将调味蔬菜切成适当的形状。

【技术要点】

（1）标准调味蔬菜适用于常见的西餐基础汤和汤菜的制作。在此基础上，若加入番茄膏或新鲜番茄，则常被用于西餐褐色基础汤、汤菜、烧汁（demi-glace）和各种烩焖菜肴的调味。

（2）调味蔬菜的刀工成形，取决于菜肴烹调方法和时间，若加热时间较短，如制作水产品类基础汤，只需将调味蔬菜切成小片或小丁，便于出味；若制作褐色基础汤，加热时间需1小时以上，则可以将调味蔬菜切成大块，便于长时间烹煮。

（3）标准调味蔬菜的组合比例通常是洋葱:胡萝卜:西芹＝2:1:1。因为调味蔬菜常用于取味，通常不食用，所以除了洋葱以外，胡萝卜洗净后，可以不去皮。

2. 白色调味蔬菜（white mirepoix）

【原料】（500克）洋葱125克，西芹125克，欧洲防风萝卜125克，韭葱125克。

【制作方法】根据菜肴烹制时间的长短，将调味蔬菜切成适当的形状。

【技术要点】

（1）白色调味蔬菜适用于制作色泽较浅、风味清香的白色基础汤和汤菜。

（2）白色调味蔬菜的组合比例通常是洋葱:西芹:欧洲防风萝卜:韭葱＝1:1:1:1。

（3）若没有韭葱，也可以用大葱代替；西芹也可以用芹菜代替，风味亦佳。

3. 马蒂尼翁蔬菜（matignon）

【原料】（490克）胡萝卜140克、洋葱70克、西芹70克、蘑菇70克、培根或火腿70克、黄油70克。

【制作方法】将洋葱、胡萝卜和西芹去皮后切成均匀的小丁，蘑菇切小丁，培根或火腿切碎。放入培根或火腿用黄油炒香，加蔬菜用小火炒软出水备用。

【技术要点】

（1）与密尔博瓦调味蔬菜不同，马蒂尼翁蔬菜是一种可以食用的调味蔬菜，通常可以作为西餐菜肴的配菜装盘呈现。因为需要食用，所以蔬菜都需要去皮，切成统一均匀的形状。

（2）马蒂尼翁调味蔬菜的比例通常是胡萝卜:洋葱:西芹:蘑菇:培根或火腿＝

2 : 1 : 1 : 1 : 1。

（3）在应用中，通常将马蒂尼翁蔬菜与黄油一同用小火炒出水，可以根据需要加入韭葱、大蒜、香叶和百里香增香，成菜时加盐和胡椒粉及少许糖调味，最后放入白葡萄酒或马德拉酒浓味。

（4）对于素食的食客可以不用火腿或培根，被称为素的马蒂尼翁蔬菜；而加入了火腿或培根被称为油性马蒂尼翁蔬菜。

（5）在应用中，通常将做好的马蒂尼翁蔬菜放在菜盘中垫底，上面放做好的畜肉、禽或鱼菜；也可以作为酿馅蔬菜使用，也可以作为主菜的配菜放在菜盘的右边呈现。

（二）香料束（bouquet garni）

Bouquet garni 是法文烹调术语，用英文表示为 bouquet of herbs。通常是指由新鲜的蔬菜和香草（如新鲜的百里香、香叶、法香梗、西芹茎、韭葱）组合捆扎成的香料束。香料束常常被用于西餐的基础汤、少司、汤菜等调味烹制中，有增香提味的作用。

【原料】（1束，用于4升调味汁制作）新鲜百里香1枝，法香梗4枝，香叶1片，韭葱2片，西芹茎1小段，厨用棉线。

【制作方法】

（1）将百里香、香叶和法香梗放在一起，用韭葱和西芹茎包紧。

（2）用厨用棉线将包紧的蔬菜束捆扎紧实，成香料束。

（3）将厨用棉线留出一小段，以备加工后取出。

【技术要点】

（1）韭葱可以用大葱的叶段代替，应洗净葱叶中的杂质。

（2）可以根据菜肴的风味，在香料束中添加其他的香草，以增香提味，如香薄荷、鼠尾草、迷迭香等。

（3）通常在菜肴烹制接近完成时取出香料束，以便于少司的制作。

（三）香料袋（sachet d'épices）

Sachet d'épices 是法文烹调术语，用英文表示为 bag of spices。通常是指将碎小的香料和香草（如法香梗、干制的百里香碎、香叶、胡椒碎等），用细孔纱布捆扎成的香料包。香料袋常用于少司、汤菜和烩菜的调味，在烹制中取用方便，有增香提味的作用。

【原料】（1袋，用于4升调味汁制作）干制百里香碎2克，法香梗4枝，香叶1片，粗胡椒碎2克，大蒜碎5克，细孔纱布，厨用棉线。

【制作方法】

将所有的香料放入细孔纱布的中心，用厨用棉线捆扎成香料袋。

【技术要点】

（1）可以根据菜肴的风味，在香料袋中添加其他的香草，以增香提味，如丁香（cloves）、莳萝（dill）、龙蒿（tarragon）、小豆蔻（cardamom）、肉桂（cinnamon）

等香料。

（2）与香料束一样，香料袋制作时，也应将厨用棉线留出一小段，以备加工后取出。

（四）焦香洋葱（oignon brûlé）

Oignon brûlé 是法文烹调术语，用英文表示为 burnt onion。通常是指将洋葱去皮后，从中间对半切开，将切口面煎至焦香上色的状态。焦香洋葱常用于制作一些特制的汤类，如清汤等，以使汤色呈浅棕色。

【原料】大洋葱 1 个。

【制作方法】

（1）将洋葱去皮，从中间对半切开成两部分。

（2）将洋葱的切口面放于热煎锅中，煎至棕褐色、焦香时离火即成。

【技术要点】

（1）洋葱煎制时，锅中不放油，直接将洋葱的切口断面煎香上色即可。

（2）煎制洋葱断面呈棕褐色时，香味最浓。

（五）丁香洋葱（oignon piqué）

Oignon piqué 是法文烹调术语，用英文表示为 pricked onion。通常是指将洋葱去皮后，在洋葱上钉入小的整粒丁香，插入一片香叶的加工方法。

【原料】洋葱 1 个，整粒丁香 3~4 个，香叶 1 片。

【制作方法】

（1）将洋葱去皮后，在洋葱表面钉入小的整粒丁香。

（2）在洋葱表面用刀切出一个约 2 厘米的切口，插入 1 片香叶即成。

【技术要点】

（1）洋葱表面钉入丁香，方便菜肴烹制结束后取出。

（2）丁香洋葱常用于白汁少司（béchamel sauce）和一些汤菜的制作，用于提味增香。

第二节　西餐基础汤

西餐基础汤是将各种肉类骨料或禽类骨料、海鱼骨，与调味蔬菜一起，加水和香料，一同慢火熬煮而成的调味高汤，具有汤汁清亮、香味浓郁、浓稠适度、营养丰富的特点。通常用于制作少司和西餐汤菜、烩菜和焖菜等。

西餐基础汤制作是西餐厨房中最基础的加工技术，尤其是在传统法式烹调中，基础汤被称为是法式烹调的根基，用法文表示为 fond de cuisine，简称为 fond；用英文表示为 foundation of cooking。

在一些现代西餐厨房中，西餐基础汤被简化了，一些西式烹调师因为基础汤的加工工序复杂，所需要的加工食材成本高昂，同时需要耗费大量的人工成本，所以偏向于使用一些食品企业生产的基础汤和少司的代用品——浓缩骨汤膏（bouillon cube 或 stock cube）或者浓缩高汤膏（cooking base 或 soup base）。

这种浓缩骨汤膏或浓缩高汤膏是将各种制好的酱料或汤料浓缩后，制成膏状或脱水干制成块状和粉状的调味料，用于大众日常的烹调中。在烹调时，只需简单地将各种浓缩骨汤膏或高汤膏与水或汤汁调匀，就可以快速地制作各种西餐少司。但是在以菜肴风味特色为主打的高端西餐厅中，自制风味醇浓的西餐基础汤，则是保障菜肴特色和质量的关键因素，因此，下面将详细介绍西餐常用基础汤的制作方法。

一、基础汤的种类

传统的西餐基础汤按照使用原料和成品色泽的不同，可以分为很多类型。现代的西餐基础汤则被简化分为三大类：

西餐基础汤的
加工要点

1. 白色基础汤（white stocks）

白色基础汤是将各种动物的肉和骨头、调味蔬菜和香料，放入冷水中，用小火慢煮而成的汤。因为汤色清亮，近似无色，故称"白色基础汤"。

通常根据动物骨头的不同类别，将白色基础汤细分为：白色小牛骨基础汤（white veal stock）、白色牛骨基础汤（white beef stock）、白色鸡骨基础汤（white chicken stock）、白色猪骨基础汤（white pork stock）、蔬菜基础汤（vegetable stock）。

2. 褐色基础汤（brown stocks）

褐色基础汤是指将各种动物的肉和骨头、调味蔬菜和香料，送入烤箱烤成棕褐色，或在燃气灶上煎制成棕褐色，加水后用小火慢煮而成的棕褐色高汤，又可称为"布朗基础汤"。

通常根据动物骨头的不同类别，将褐色基础汤细分为：褐色小牛骨基础汤（brown veal stock）、褐色鸡骨基础汤（brown chicken stock）、褐色鸭骨基础汤（brown duck stock）、褐色鸽骨基础汤（brown pigeon stock）、褐色羊骨基础汤（brown lamb stock）和褐色野味基础汤（brown game stock）。

3. 鱼基础汤（fish stock）

鱼基础汤又常被简称为鱼精汁（essence），是指将海鱼骨和调味蔬菜，加葡萄酒煮出味，再加水煮成的鱼汤。

二、基础汤的初加工要点

（一）选用新鲜的肉类和肉骨料

基础汤的主料常选用各种肉骨类原料和新鲜肉类加工后剩余的边角余料，如选用牛骨或海鱼骨、各种牛肉等。通常主料若只选用蔬菜，则是制作蔬菜基础汤。

肉骨类原料选择中，通常应该参考以下原则。

1. 选用新鲜的、肉质丰厚的肉骨主料

选用肉骨原料应肉质新鲜，肉汁呈正常的粉红色，肉骨无异味，断面骨髓呈奶白色，骨料坚硬不散碎。若使用冰冻的肉骨料，则应该将肉骨料事先解冻。

2. 多选用动物幼崽的骨料

动物幼崽的骨料中，含有较多的软骨成分和结缔组织，能够在长时间烹煮中分解，熬制出大量的骨胶，增加高汤的浓度和香味。牛膝骨、牛足、鸡翅、鸡脚等含结缔组织多，也是基础汤的上佳食材。制作水产品基础汤，以选用脂肪较少的白肉海鱼鱼骨为佳。

3. 充分漂洗肉骨料

无论是选用新鲜的肉骨料还是冰冻过的肉骨料，都应该在流动的水下，充分冲洗干净，去尽血污、杂质和异味。

4. 焯水或预烤上色

白色基础汤在制作中，通常需要将肉骨料先焯水，以便去除血污和杂质，做法是将洗净的肉骨料放入汤锅中加冷水淹没，用中火煮沸1～2分钟，取出肉骨料洗净，倒出煮汁，将汤锅洗净后，再放入肉骨料，重新加足量冷水煮制，以保证汤质的清鲜。

褐色基础汤在制作中，通常需要将肉骨料洗净后，放入已经预热的高温烤箱内，烤制成均匀的棕褐色，再加调味蔬菜，烤香上色，加香料束和足量水等一同制作而成。

（二）刀工成形

西餐基础汤中的肉骨主料通常应该加工成8～10厘米的段，以便在煮汤的过程中，迅速熬制出肉骨的鲜味、骨胶和营养成分。

调味蔬菜原料的刀工成形规格没有具体限制，主要根据不同基础汤的品种要求和熬煮时间来控制。如果基础汤需要熬煮2小时以上，则调味蔬菜通常以切成4～5厘米长为宜。若熬煮时间偏短，调味蔬菜应该切得小一些，以便出味。

（三）水

水是基础汤制作中的重要元素。基础汤制作时，经过初加工的肉骨料应该放在冷水中，加热熬煮，以便充分出味。在制作中，也可以加入适量的葡萄酒，尤其是在鱼精汤（fish fumet）的制作中，起到浓味增香的作用。

（四）原料组合比例

在制作中，正确地控制水量和原料的比例，对熬制出优质的基础汤有至关重要的作用。

1. 畜肉类或禽类基础汤（meat or poultry stock）

【原料】（成品约 1 升）肉骨和肉类的边角料 1 千克，冷水 1.5 升，调味蔬菜 120 克，香料束 1 束或香料袋 1 个。

2. 海鱼类鱼基础汤

【原料】（成品约 1 升）白肉海鱼骨 1.5 千克，冷水 1.2 升，白色调味蔬菜 120 克，香料袋 1 个。

3. 海鱼类鱼精汤

【原料】（成品约 1 升）白肉海鱼骨（切小段）1.5 千克，冷水 1 升，白色调味蔬菜 120 克，蘑菇 80 克，白葡萄酒 250 毫升，香料袋 1 个，盐 6 克。

4. 蔬菜基础汤

【原料】（成品约 1 升）非淀粉性的各类蔬菜 0.5 千克，冷水 1.5 升，香料束 1 束或香料袋 1 个。

（五）香料

基础汤制作中，使用标准的香料束或香料袋增香提味，也可以根据肉骨料自身的特点，添加不同的香料以达到增香提味的作用。例如，在制作鸭骨基础汤时，香料束中可以加入迷迭香、香菜籽、龙蒿、鼠尾草等；在制作小羊骨基础汤时，在香料束中可以加入薄荷、杜松子、孜然粉、迷迭香、香菜籽等。

三、基础汤的烹制原则

1. 冷水下锅，小火煮制，保持汤面微沸

（1）在基础汤煮制时，应将清洗干净的肉骨料放入足够深的大汤锅中，加入足量的冷水，水量至少淹没骨料 5 厘米。

（2）用小火将汤煮沸，去除汤面的浮沫。

（3）在煮制过程中，始终保持汤面沸而不腾，避免大火煮制，否则会损失过多汤汁，而肉骨料的香味却未完全释放出来，影响汤的风味。

2. 撇去浮沫、浮油和杂质，保证上佳的品质

（1）在煮汤过程中，应注意随时撇去汤面的浮沫和浮油，以最终得到清澈、透明、清香的原味基础汤。

（2）煮汤过程中的各种杂质和汤面的浮沫及浮油会使汤汁变得浑浊，同时会带来各种异味，破坏汤汁醇香的原味，影响汤的品质。

（3）若没有及时清除汤中的杂质、浮沫和浮油，在基础汤做好后，这些物质会加快

汤的酸败速度，缩短基础汤的保存时间。

3. 控制放入调味蔬菜和香料的时机

（1）基础汤煮制中，除了使用足量的肉骨料来确定汤的风味以外，还要准确把握放入调味蔬菜和香料的时机。若这些调味蔬菜和香料放入过早，因为煮制时间很长，香味会逐渐挥发、消失；若放入过迟，又不能充分发挥增香提味的作用。

（2）在肉类基础汤的煮制中，建议可以在煮制结束前2小时补充加入少量的调味蔬菜，以保持基础汤的整体风味。

（3）在肉类基础汤的煮制中，建议可以在煮制结束前1小时补充加入少量的各种香料束或香料袋，以保持香料的清香味。

（4）在鱼基础汤、鱼精汤等制作中，因为煮制时间较短，调味蔬菜都切成了小粒，出味迅速，所以可以在煮制过程中加入，一同煮出香味即可。

4. 充分过滤，尽快使用；或快速冷却，密封冷藏保存

（1）基础汤煮好后，应该用细孔滤网和细孔纱布充分过滤，去除汤中细小的杂质颗粒，得到清澈的汤汁。

（2）过滤后的汤汁，应该尽快使用，或者快速冷却。若没有及时冷却，因为汤中含有丰富的蛋白质等营养物质，在室温下容易变质变味，不宜长时间保存。

（3）冷却基础汤时，可以将装汤的汤桶放入冰水中，或有流动冷水的水槽内，搅动汤面以便迅速降温至4℃，密封冷藏，保存备用。

5. 煮汤时间的控制

基础汤制作中，通常先用大火将汤煮沸，再转小火保持汤面微沸，随时撇除汤面的浮沫和浮油，根据不同的肉骨料和基础汤要求控制煮制时间。

（1）白色牛骨基础汤通常需要用小火熬煮8～10小时。

（2）白色小牛骨基础汤、褐色小牛骨基础汤和野味类基础汤通常需要用小火熬煮6～8小时。

（3）白色禽类基础汤通常需要用小火熬煮3～4小时。

（4）水产品基础汤和水产品鱼精汤通常需要用小火熬煮35～45分钟。

（5）蔬菜基础汤通常根据蔬菜类型和刀工成形，需要用小火熬煮45分钟～1小时。

6. 基础汤质量的鉴别

基础汤成品的质量通常根据风味、色泽、香味和清澈度来鉴别。

制作好的基础汤，应该达到汤色纯正，汤面无浮油和浮沫，香味浓郁无异味的标准。

（1）无论哪一类型的基础汤，若根据配方和标准程序制作，则汤的整体风味平衡，汤质醇浓，主料的香味突出，蔬菜味清香，香料味清淡适宜。

（2）白色基础汤通常要求汤汁清澈，热时色泽呈淡金黄色。

（3）褐色基础汤通常要求汤汁呈深琥珀色或棕褐色。

（4）蔬菜基础汤的色泽要求根据蔬菜种类的不同而各有差异。

7．基础汤的保存

基础汤可以采用快速冷却后密封冷藏或冷冻的方式保存。经过快速冷却后密封冷藏的基础汤，通常保存期为 3～4 天；若到期后，将未使用完的基础汤再次煮沸后冷却，保存期可以再次延长 3～4 天。若采用冷冻保存的方式，基础汤可以保存 1 个月。

四、基础汤制作实例

（一）白色鸡骨基础汤

【原料】（成品 1 升）老母鸡 2 千克，鸡骨架、鸡翅、鸡脚等 1 千克，冷水 1.5 升，洋葱 80 克，胡萝卜 40 克，西芹 40 克，韭葱 50 克，干制百里香碎 1 克，法香梗 2 枝，香叶 1 片，粗胡椒粒 1 克，大蒜碎 3 克，细孔纱布、厨用棉线。

【制作方法】

（1）将老母鸡去尽内脏和血污，洗净备用；鸡骨架切成 8～10 平方厘米的大块；胡萝卜、西芹、韭葱洗净后分别切成大块；洋葱切成两半，把丁香粒钉入洋葱表皮。将香叶、干制百里香碎、法香梗、粗胡椒粒、大蒜碎等用细孔纱布和厨用棉线做成香料袋备用。

（2）将鸡骨架、鸡翅、鸡脚和老母鸡放于流动的冷水中冲洗，去尽异味和血水后，放入大汤锅中。

（3）加足量的冷水淹没鸡骨架、鸡翅、鸡脚和老母鸡，用大火煮至汤面微沸，去除浮沫后，转小火继续煮制，保持汤面微沸状态。

（4）煮约 2 小时后，加入胡萝卜、洋葱、西芹、韭葱和香料袋，继续用小火慢煮 1～2 小时即成。

（5）将白色基础汤过滤，撇去浮油，即可备用；或迅速冷却后，密封冷藏保存。

【技术要点】

（1）若主料老母鸡和鸡骨架都很新鲜，就不用焯水，可以直接煮制；若使用的是冰冻过的老母鸡和鸡骨架，则可以在焯水后，倒去煮汤，另外加冷水熬煮。

（2）煮汤过程中，始终注意以小火慢煮，切忌用大火一直煮制，以保证汤鲜、味醇浓。

（3）煮汤过程中，应随时撇去汤面的浮沫和浮油，避免产生异味。

（4）在很多亚洲菜式中，熬煮白色鸡汤时，还习惯加入生姜、大葱、香茅等调料增香，有的还会根据地区的风味习惯加入少量花椒或辣椒来提味。在熬煮野味白色禽类汤时，可以加入几个杜松子和香草提味，如龙蒿、迷迭香等，但是要注意用量，不要压制了汤的本鲜味。

（5）汤煮好后可以立刻使用；若不需要立刻使用，则应该迅速将汤冷却降温，密封冷藏存放。

【质量标准】汤呈无色或浅白色，汤清味醇浓，蔬菜味清香，肉香味浓厚。

【变化类型】

（1）白色小牛骨基础汤将鸡骨架、鸡翅、鸡脚和老母鸡用小牛骨代替，熬煮6～8小时即成。

（2）白色牛骨基础汤将鸡骨架、鸡翅、鸡脚和老母鸡用牛骨代替，熬煮8～10小时即成。

（二）褐色小牛骨基础汤

【原料】（成品1升）植物油20毫升，小牛碎骨、牛膝骨、牛蹄等1千克，边角料牛肉500克，冷水1.5升，洋葱80克，胡萝卜40克，西芹40克，韭葱40克，大蒜10克，番茄100克，番茄酱50克，干制百里香碎1克，法香梗2枝，香叶1片，粗胡椒粒1克，细孔纱布、厨用棉线。

【制作方法】

（1）将牛肉、小牛碎骨、牛膝骨、牛蹄等加工成小块；胡萝卜、洋葱、西芹、韭葱、番茄等切成小丁；大蒜拍碎备用。将香叶、干制百里香碎、法香梗、粗胡椒粒、大蒜碎3克等用细孔纱布和厨用棉线做成香料袋备用。

（2）将烤盘和烤箱预热至240℃，取出烤盘，放上小牛碎骨、牛膝骨、牛蹄和牛肉，烤30～40分钟，中途适当翻动小牛碎骨、牛膝骨、牛蹄和牛肉，至呈均匀的深棕褐色。

（3）将小牛碎骨、牛膝骨、牛蹄和牛肉放入大汤锅中，加入1.4升冷水煮沸，转小火保持微沸，慢火煮制。

（4）去除烤盘内多余的油，加入胡萝卜块和洋葱块，送入烤箱继续烤制；或在明火炉上炒制，至洋葱和胡萝卜上色时，加入西芹、韭葱和大蒜碎继续烤制或炒香。

（5）加入番茄碎和番茄酱炒匀，至整个调味蔬菜炒制呈深棕红色时，取出备用。

（6）烤盘内倒入剩下的0.1升冷水，上火加热，煮溶盘底留下的焦糖浆，至焦糖浆煮稠时，取出备用。

（7）当牛骨汤熬煮约5小时后，倒入炒香的调味蔬菜酱料（5）、浓缩的焦糖浆（6）和香料袋，继续小火慢煮约1小时，至汤汁醇浓，香味浓郁，汤色呈深棕褐色时即成。

（8）将褐色基础汤过滤，撇去浮油，即可备用；或迅速冷却后，密封冷藏保存。

【技术标准】

（1）烤牛骨时，若牛骨中的油脂较多，烤盘内可以不加油，直接放上牛骨烤制。若牛骨中的油脂较少，可以加少量植物油，一同烤制。

（2）用高温烤牛骨，中途要适当翻面，避免牛骨和牛肉烤焦。

（3）去除烤盘内烤出的过多油脂，以避免成品汤汁中的浮油过重，影响品质；但是可以留下少量油脂，来炒制胡萝卜和洋葱等蔬菜，以便增香浓味。

（4）胡萝卜和洋葱可以用高温烤制上色，或炒制上色，增加香味；但是西芹和韭葱的水分较重，则不宜烤上色，通常炒香即可。

（5）浓缩烤盘内焦糖浆是法式烹调的专业术语，被称为deglaze，是指用水或各种葡萄酒来溶化锅底的各种肉类或蔬菜烹制后，留下的香味物质，俗称"浇锅底"，可保持菜肴的原汁原味。

【质量标准】汤色呈深棕褐色，汤汁醇浓发亮，牛肉味浓郁，蔬菜味清香，多用于肉类菜肴和少司的制作中。

【变化类型】

（1）褐色野味基础汤：制作方法和褐色小牛骨基础汤相同，用等量的鸭骨和边角料鸭肉代替小牛碎骨、牛膝骨、牛蹄和牛肉，香料中再添加入茴香籽和杜松子即可。

（2）褐色小羊骨基础汤：制作方法和褐色小牛骨基础汤相同，用等量的小羊骨和边角料小羊肉代替小牛碎骨、牛膝骨、牛蹄和牛肉，香料中再添加入适量的薄荷、杜松子、孜然粉、迷迭香、香菜籽等即可。

（3）褐色猪骨基础汤：制作方法和褐色小牛骨基础汤相同，用等量的猪骨和边角料猪肉代替小牛碎骨、牛膝骨、牛蹄和牛肉，香料中再添加入适量的红椒片、香菜籽、牛至香草、芥末籽等即可。

（4）褐色鸡骨基础汤：制作方法和褐色小牛骨基础汤相同，用等量的鸡骨和边角料鸡肉代替小牛碎骨、牛膝骨、牛蹄和牛肉即可。

（5）褐色鸭骨基础汤：制作方法和褐色小牛骨基础汤相同，用等量的鸭骨和边角料鸭肉代替小牛碎骨、牛膝骨、牛蹄和牛肉，香料中再添加入茴香籽和杜松子即可。

（三）鱼精汤

【原料】（成品 1 升）海鱼骨（比目鱼、牙鳕鱼等）1.5 千克，植物油 20 毫升，红葱 30 克，洋葱 40 克，西芹 40 克，韭葱 40 克，蘑菇 80 克，冷水 1.2 升，干白葡萄酒 250 毫升，干制百里香碎 2 克，法香梗 4 枝，香叶 1 片，粗胡椒碎 2 克，大蒜碎 5 克，细孔纱布、厨用棉线。

【制作方法】

（1）将鱼骨洗净，切成小块，放入流水中冲漂、去尽血污后，沥水备用。

（2）将红葱、洋葱、西芹、韭葱和蘑菇等切成小丁。用干制百里香碎、法香梗、香叶、粗胡椒碎、大蒜碎、细孔纱布和厨用棉线等制成香料袋备用。

（3）将红葱、洋葱、西芹、韭葱和蘑菇用热油炒香，加鱼骨炒匀，倒入干白葡萄酒煮出味，加冷水、香料袋煮沸。

（4）小火不加盖慢煮 35～45 分钟，中途随时去除浮沫和浮油。

（5）将鱼精汤过滤，撇去浮油，即可备用；或迅速冷却后，密封冷藏保存。

【技术要点】

（1）鱼精汤以选用脂肪少的白肉鱼鱼骨为佳，如比目鱼、牙鳕鱼、无须鳕和海鲂等，这些鱼的脂肪少，腥味少，做出的鱼汤汤汁清澈，味鲜香。若选用脂肪含量重的鱼骨，则汤汁灰暗，腥味重。

（2）制作中，水量以刚好淹没鱼骨为佳。煮制时间不宜过长，以免煮出鱼骨的涩味。

（3）鱼骨和调味蔬菜都应切成小丁，一起烹制，以便快速充分出味。

【质量标准】汤色清澈，水产品味浓，蔬菜味清香。

【变化类型】虾蟹类基础汤：制作方法和鱼精汤相同，用等量的虾蟹类外壳代替海鱼骨，如大虾壳、龙虾壳、螃蟹壳等。将虾蟹壳用热油炒上色，加调味蔬菜炒香，加番茄酱炒匀，加水和香料束煮沸，小火煮约 40 分钟即可。

（四）蔬菜基础汤

【原料】（成品 1 升）非淀粉类蔬菜 600 克，冷水 1.3 升，干白葡萄酒 250 毫升，干制百里香碎 2 克，法香梗 4 枝，香叶 1 片，粗胡椒碎 2 克，大蒜碎 5 克，细孔纱布、厨用棉线。

【制作方法】

（1）将非淀粉类蔬菜洗净，切成 10 厘米的长段。用干制百里香碎、法香梗、香叶、粗胡椒碎、大蒜碎、细孔纱布和厨用棉线等制成香料袋备用。

（2）将蔬菜、冷水和香料袋放入大汤锅中，中火煮沸后，转小火保持汤面微沸，慢火煮制，撇去浮沫。

（3）煮约 40 分钟，至蔬菜香味浓郁时，将汤过滤后冷却备用。

【技术要点】

（1）通常根据菜肴要求，选用不同的蔬菜制作蔬菜汤，如韭葱、大葱、番茄、蘑菇等，用于各种蔬菜原料的加工和素食菜肴制作中。

（2）用慢火煮出蔬菜的清香味，时间在 40 分钟～1 小时。

【质量标准】汤呈蔬菜的自然色，汤汁清亮，蔬菜味清香。

【变化类型】

烤制蔬菜基础汤：将蔬菜加少许水放入 200℃的烤箱内，烤制 15 分钟，出香味后加水和香料袋煮制即成。

（五）焯水高汤（court bouillon）

【原料】（成品 1 升）冷水 1.25 升，白酒醋 60 克，洋葱 250 克，胡萝卜 120 克，西芹 120 克，干制百里香碎 2 克，法香梗 4 枝，香叶 1 片，粗胡椒碎 2 克，大蒜碎 5 克，细孔纱布、厨用棉线。

【制作方法】

（1）将蔬菜洗净切成小丁。用干制百里香碎、法香梗、香叶、粗胡椒碎、大蒜碎、细孔纱布和厨用棉线等制成香料袋备用。

（2）将蔬菜丁、白酒醋、冷水和香料袋放入大汤锅中，中火煮沸后，转小火保持汤面微沸，慢火煮制，撇去浮沫。

（3）煮约 1 小时，至蔬菜香味浓郁时，将汤过滤后冷却备用。

【技术要点】

（1）焯水高汤是一种快速焯煮肉类食材的高汤，常用于快速焯煮水产品鱼类、蔬菜、肉类和蛋类等，如焯煮龙虾、煮水波蛋。

（2）通常原料焯煮的时间不长，不能用焯水高汤代替其他各类基础汤用于菜肴的调味烹制。

【质量标准】汤汁清亮，蔬菜味清香，略带酸咸味。

（六）意式肉汤（brodo-poultry and meat stock）

【原料】（成品1升）老母鸡800克，牛腱肉300克，鸡翅300克，火鸡鸡骨300克，鸡脚60克，冷水1.5升，洋葱130克，胡萝卜70克，西芹70克，大蒜10克，香叶1片，百里香2克，法香梗2枝。

【制作方法】

（1）将各种肉类原料和骨料一同用热水洗净，沥水备用。

（2）将各种肉类原料和骨料与冷水一同放入大汤锅中，用中火煮沸后，转小火保持汤面微沸，慢火煮制，撇去浮沫。

（3）放入胡萝卜、洋葱、西芹等调味蔬菜和香叶等香料，慢煮约6小时后，将汤过滤后备用，或者快速冷却，密封冷藏备用。

【技术要点】

（1）意式肉汤是一种类似白色基础汤的大众化基础汤。主要用于日常各种肉类菜式的烹制需要。

（2）因为意式肉汤是大众化的基础汤，所以主要原料有老母鸡、牛肉、鸡脚、鸡翅等，这些丰富的原料可以带来美味的鲜味，还可以带来丰厚的胶质，增加汤的浓稠度和亮度，也可以加入一些猪蹄或牛蹄一起熬煮以使汤增稠。

【质量标准】汤汁醇浓鲜香，风味浓厚。

第三节　西餐少司

在传统法式烹调中，少司占据着重要的地位。因为西式烹调多以大块或整形的原料烹制加工，虽然保证了原汁原味的风味，但是原料内部的入味效果不足，这就需要烹调师专门调制各种少司来搭配。当食客用餐刀和餐叉切开食物时，浓香的酱汁和食材原料的本味搭配在一起，会带给食客最自然鲜美的滋味。因此，人们通常将少司烹调称为法式烹调的灵魂。

一、少司的概念

少司是法文 sauce 的译音，还可翻译为沙司、酱汁或调味汁，简称为"汁"，如黑胡椒少司可以简称为"黑胡椒汁"，它是由烹调师专门调制的西式菜肴和糕点的调味汁。

与基础汤的加工一样，尽管在现代厨房中，人们已经开始习惯使用大众化的少司代用品，如工业化脱水干制的各种调味酱底，但是在高端西餐厅里，为了更好地推陈出新，把握和调节食客挑剔的味蕾神经，烹

西餐少司知识

调师必须亲自调制自己的独门少司，这样才能使自己的菜肴具有特色，这也是现代西式烹调的发展趋势。

二、少司的作用

1. 确定并增加菜肴的风味

西餐少司通常都有不同的浓稠度，在和菜肴搭配时，能够很好地黏附在原料上，在不影响原料自身原味的基础上，给菜肴带来不同的特色风味，形成独特的经典菜式。例如，同样一道牛扒，配黑胡椒少司、红酒少司和班尼士少司，所带来的风味和味感体验是迥然不同的。

2. 保温提味，增加滋润度

西餐热菜上菜时，要求食材原料和装盘的盛器等都要热烫，正所谓"一烫当三鲜"。西餐的热菜少司淋在原料上，可以起到保温增味的作用；同时针对各种西式冷菜，在菜肴上淋上的酱汁也可以增加口感，避免原料表面干皮，增加滋润度，提升菜肴的风味。

3. 增加菜肴的色泽和亮度

西餐少司的类型很多，根据颜色可以分为红色、白色、褐色、黄色、黄白色等，而且西餐少司制作中，根据品种不同通常都加入了增稠料、油脂或肉胶等，色泽鲜艳、明亮，淋在食材上或菜盘中，对食物都可以起到很好的增亮提色的作用，以增进菜肴的美观。

4. 点缀和装饰

因为西式菜肴装盘讲究可食性，菜盘中的所有食材必须都可以食用，而且作为西式烹调师，是以食客完全吃完自己的菜肴，菜盘中不剩余一点食材为荣耀。所以西式烹调师在菜肴或糕点的装盘中，常常将各种色泽艳丽的少司作为装饰料，如烧汁（demi-glace）、红椒汁、黄椒汁、香草汁、巧克力汁、草莓汁等，淋在盘中形成各种漂亮的图案，产生独特的装饰效果，起到秀色可餐，诱人食欲的作用。

三、少司的构成

西餐少司通常由以下三种原料构成。

1. 液体原料

少司也可称为酱汁或汁，所以酱汁中的液体原料是少司的主要原料之一。常用的液体原料有基础汤、牛奶、奶油、液体油脂、柠檬汁、葡萄酒醋或水等。

少司的构成

2. 增稠原料

增稠原料也称为稠化剂或增稠剂，也是制作少司的基本原料之一。

一般来说，液体原料必须经过稠化后产生黏性和浓度，才能够黏附在菜肴的原料上，起到调味、增香和美化的作用，因此，少司的稠化技术是制作少司的关键。

3．调味料和各种香料

少司调味料中，常用的调味料是盐和胡椒，这是菜肴调味的基础调料，俗话说"珍馐美味不离盐"，盐是所有调味料中的百味之本，控制好菜肴基本的咸鲜本味，掌握好盐的用量和方法，用胡椒粒或胡椒粉去异、增香，再使用其他的调味料和香料，就可以制作出各具特色的风味菜肴了。

四、西餐常用的稠化剂

（一）油面酱（roux）

油面酱是法文 roux 的意译，也称为面捞、面粉糊等，简称为面酱，它是用油脂和面粉，在低温下用小火煸炒而成的糊状原料，具有较强的黏附性，可以对西餐少司、汤菜、烩菜等起到增稠浓味的作用。

1．油面酱的种类

油面酱通常分为白色油面酱（white roux）、黄色油面酱（blonde roux）、褐色油面酱（brown roux）、黑色油面酱（dark roux）。这四种不同的油面酱各有特性，使用方式也不相同。

通常，颜色浅的油面酱比颜色深的油面酱增稠效果好，颜色深的油面酱在炒制时，由于高温的原因，破坏了更多的淀粉质，淀粉的糊化作用就差一些，但是在一些特色的烹调中，使用如黑色油面酱等，可以带来一种独特的烤香坚果风味，也可以调节少司的色泽。

2．油面酱的材料

制作油面酱的主料面粉选择比较随意，可以选用各种类型的白色面粉来加工。通常高筋面粉和低筋面粉因为面粉中所含蛋白质的比例和淀粉的比例不同而性质各有差异。相比较来说，同等重量的情况下，低筋面粉炒制后的增稠效果比高筋面粉要好一些，而中筋面粉炒制后的增稠效果则介于此两者之间，因此一般推荐使用中筋面粉来炒制油面酱。

制作油面酱的油脂通常以选用澄清黄油来制作的效果为佳，也可以使用普通的无盐黄油、植物油、煮化的鸡油或其他煮化的动物油脂。不同的油脂炒制出的面酱风味各不相同，通常将用黄油炒出的面酱称为黄油面酱。

3．油面酱的制作方法

油面酱制作时以重量计算，面粉：油＝6：4。炒制中，注意小火加热不断用炒勺搅动，炒至面粉无水气，呈翻砂状，面酱光滑细腻有光泽，略带湿润状即可，不宜炒得过干或很油腻。炒制中，要避免过火炒焦，根据不同面酱的色泽要求，掌握炒制时间和火候。若炒制的量大，可以将面酱放入烤箱内，烘烤加热，控制火候。

4. 油面酱的使用

油面酱通常可以采用以下方法加工使用：
（1）将凉凉的油面酱和热的液体融合在一起搅化使用。
（2）将热的油面酱和凉凉的液体融合在一起搅化使用。
（3）将温热的油面酱和温热的液体融合在一起搅化使用。
通常不适合将冷的油面酱和冷的液体混合，因为这样油脂容易遇冷凝固；而热的油面酱和热的液体则容易引起锅中沸腾，形成很大的热蒸汽，面酱快速糊化成面疙瘩，无法调散，不便于加工。

（二）油面糊（beurre manié）

油面糊，是一种由等量的软化黄油和面粉混合搅拌后制成的速溶油面团，也称为黄油拌面糊。常用在菜肴制作的最后时刻，对太稀的热少司和汤汁起到辅助增稠的作用。其原理是在黄油和面粉的混合过程中，黄油将面粉颗粒完全包裹起来。当将油面糊添加到热的少司或汤汁中时，黄油熔化，释放出面粉颗粒而不会产生结块，并促进增稠。

油面糊和油面酱的性质不同，油面酱中的面粉是经过炒香熟制的，而油面糊中的面粉是生的，未炒制过，因此在少司或汤汁中加入油面糊后，还需要继续加热，煮去生面粉的味道。通常油面糊倾向于少量使用，以备应急。

（三）干面糊（dry roux）

干面糊，是将面粉直接撒在烤盘内或撒在原料上，用烤箱烤香；或在煎锅内炒香上色后与液体原料一同形成增稠剂的原料，通常用于红烩类菜肴，如西班牙少司（Espagnole sauce）、马玲古烩牛肉等的制作。

（四）蛋黄奶油芡（egg yolk and cream liaison）

蛋黄奶油芡，是利用蛋黄在65℃时受热凝固的特性，在蛋黄中加入奶油，使蛋黄的凝固点提高到82～85℃，来加工浓稠菜肴的。

制作时，要将蛋黄和奶油事先调匀，使用前再加入少量煮沸的汤汁稀释，最后缓缓倒入调好的少司或浓汤中，搅匀增稠备用。在使用时，技术关键是避免温度过高超过85℃，否则会使蛋黄凝固过快而分离。通常蛋黄奶油芡是在菜肴准备上菜前，才加入少司或汤汁中，主要用于奶油浓汤类菜肴和白汁类菜肴。

（五）水粉芡（slurries）

水粉芡，是利用淀粉糊化后的增稠作用来使汤汁或少司增稠的，使用广泛。通常竹芋粉、藕粉、玉米淀粉、木薯淀粉、土豆淀粉和米粉等淀粉都可以使用，淀粉的增稠作用比面粉要快很多，通常用淀粉做出的汤汁或酱汁比较透明，质地细腻光滑，风味与油面酱差异较大。

（六）面包渣（bread crumbs）

面包渣可以和汤汁融合胶化，产生增稠作用，一般用于酿馅菜肴的馅心制作，将面包渣和牛奶或奶油混匀后，加入肉馅中，可以起到定型、增稠的作用。

（七）大米（rice）

大米可以放入沸水中煮制，产生如米汤状的薄芡增稠效果，通常用于要轻微起稠的菜肴或汤汁中，如蟹肉浓汤等。

（八）蔬菜泥或水果泥（vegetable puree、fruit puree）

利用含有淀粉类物质较多的蔬菜或水果制作出的菜泥和水果泥，在吸水后可以使汤汁浓稠，常见的有土豆浓汤等各种蔬菜浓汤等。

五、西餐少司的种类

西餐少司的种类众多，分类方法和习惯也各不相同，通常可以根据温度、菜肴用途、少司的色泽、口味、原料等进行分类。

（1）根据温度和用途可以将少司分为冷少司、热少司和糕点少司。其中冷少司主要用于西餐冷菜的制作，热少司主要用于西餐热菜的制作，糕点少司用于西点制作。

（2）根据颜色可以将热少司分为褐色类少司、红色类少司、白色类少司、黄白色类少司和黄色类少司等。

（3）根据原料可以将热少司分为牛肉类少司、鸡肉类少司、水产品类少司、野味类少司、奶油类少司和黄油类少司等。

（4）根据少司的性质可以分为稳定的乳化少司和不稳定的乳化少司等；根据温度再分为冷的稳定乳化少司类和冷的不稳定乳化少司类，热的稳定乳化少司类和热的不稳定乳化少司类等。

（一）冷少司

西餐的冷少司主要是用油脂和醋等调料通过乳化作用混合制作而成，根据原料和制作工艺不同分为以下两大类。

1. 冷的稳定乳化少司类（les sauces émulsionnées stables froides）

冷的稳定乳化少司类分为马乃司少司（Mayonnaise sauce）和它的变化少司。

马乃司少司是用油、蛋黄和醋等调料混合制作的酱汁。使用蛋黄乳化剂制作的少司具有一定的稳定性，可以较长时间地保存，主要适用于各种沙拉菜肴的调味制作。

2. 冷的不稳定乳化少司类（les sauces émulsionnées instables froides）

冷的不稳定乳化少司类分为基础油醋少司（basic vinaigrette）和它的变化少司。

基础油醋少司是用油和醋等调料直接搅拌均匀后制作的少司，因为没有使用乳化剂，所以酱汁调好存放一段时间后，酱汁中的油和醋会因为相对密度的差异而分层，适合现调现用。

（二）热少司

热少司按照烹调中的作用不同，又可分成基础少司、半基础或过渡少司和调味少司。

西餐热少司

1. 基础少司

基础少司又称为母少司（mother sauce），它是所有西餐调味少司的基础酱汁。因为现代西式烹调中，有很多西餐少司都是在这些母少司的基础上变化而来的，直到今天，它们在现代西餐厨房里仍然起着举足轻重的作用。

基础少司一般以基础汤、牛奶、熔化的油脂为基本原料制作而成，主要包括褐色少司（brown sauce）、白汤浓汁少司（velouté sauce）、白汁少司（béchamel sauce）、番茄少司（tomato sauce）和荷兰少司（hollandaise sauce）等。

（1）褐色少司，是由褐色基础汤等加上淀粉汁或油面酱及调味品制成的少司。

（2）白汤浓汁少司，是由白色基础汤等加上金黄色油面酱及调味品制成的少司

（3）白汁少司，也称为牛奶少司，是由牛奶、白色油面酱及调味品制成的少司。

（4）番茄少司，是由白色牛基础汤加上番茄酱、番茄、黄色或褐色油面酱及调味品制成的少司。

（5）荷兰少司，是由黄油加上蛋黄及调味品制成的少司。

2. 半基础或过渡少司

西餐中的一部分少司，是以五大基础少司为基本原料，加入调味品变化而成，称为半基础或过渡少司。这些少司起着过渡作用，在这些少司中再加入一些调味品后，可以更容易制成直接用于烹调调味的少司——调味少司。

常用的半基础少司有：蛋黄奶油少司（allemande sauce）、奶油鸡蘑菇少司（suprême sauce）、白酒少司（white wine sauce）、褐色小牛肉浓缩汁（jus de veau lié）、烧汁（demi-glace）等。

3. 调味少司

调味少司也称变化少司。实际操作中上，调味少司通常可以在烹调中直接为各种菜肴调味。调味少司以五大基础少司或半基础少司为原料，通过再一次调味变化发展而成。

调味少司数量极多，风格各异，是具有独特味道的特色少司。由于调味少司在味道、颜色等方面各具有不同的特点，因此，菜肴通过它们调味后，也变得丰富多彩。

通常，五个基础少司经过调味后，就可以直接变化成调味少司，但是有些基础少司还要加工成半基础少司后，再经过调味才能演变成调味少司。

调味少司的种类繁多，至今仍在不断地发展。西餐常见的调味少司有：

（1）以牛奶少司为基础制成的调味少司，如奶油少司（cream sauce）、切达芝士少司（cheddar cheese sauce）等。

（2）以白色少司为基础少司制成的调味少司，如白色鸡少司（white chicken sauce）、白色鱼少司（white fish sauce）、匈牙利少司（Hungarian sauce）、咖喱少司（curry sauce）和曙光少司（aurora sauce）、贝尔西少司（Bercy sauce）等。

（3）以褐色少司为基础制成的调味少司，如罗伯特少司（Robert sauce）、马德拉少司（Madeira sauce）等。

（4）以番茄少司为基础制成的特色少司，如克里奥尔少司（Creole sauce）、葡萄牙少司（Portugaise sauce）等。

（5）以黄油为基础制作的特色少司，如马尔泰斯少司（Maltaise sauce）、毛士莲少司（Mousseline sauce）和疏朗少司（Choron Sauce）等。

（三）糕点少司

糕点少司是指西点制作中常见的各种甜点酱汁。

六、西餐常见少司的制作

（一）冷少司的制作

1. 冷的稳定乳化少司

1）马乃司少司

【原料】（成品1升）植物油950毫升，蛋黄4个，酒醋或柠檬汁80毫升，芥末酱5克，糖3克，盐和胡椒粉适量。

【设备器具】不锈钢份数盆、密封保鲜盒、西餐刀、砧板、电子秤、量杯、细孔滤网、汁勺、蛋抽、果汁搅碎机等。

西餐冷少司演示 - 马乃司少司

【制作方法】

（1）将蛋黄、芥末酱、糖、少许酒醋等一同放入不锈钢份数盆中，用蛋抽搅匀。

（2）逐渐加入植物油，边加油边搅拌。

（3）至蛋液浓稠、上劲时，加入酒醋调匀，继续加油搅拌。

（4）至再次搅稠后，又加醋调匀。重复步骤2～3次，直至把油加完。

（5）待油加完后，加盐和胡椒粉调味，密封冷藏备用。

【技术要点】

（1）马乃司少司是西餐冷菜少司中的基础母少司之一，在马乃司少司中加入其他调味料，可以变化出更多的西餐冷菜调味变化少司。通常传统的马乃司少司习惯1个蛋黄配240毫升油来调制。

（2）为了保证食品安全，专业的烹调师会使用经过巴氏消毒的蛋黄来加工马乃司少司。

（3）加油时不能加得太多、太快，无论是用机器搅拌还是手工用蛋抽搅拌制作，开始加油时，都应该将油少量滴入式加入，这样可以使蛋黄和油脂充分乳化，蛋黄酱就更容易调稠。

（4）容器以玻璃器皿或不锈钢容器为佳，忌用铝、铁和铜制器皿。

（5）若制作时，蛋黄酱澥掉不浓稠了，可以另取一个蛋黄，重新搅拌，待把蛋液搅稠后，将原来调稀的蛋液倒入新搅稠的蛋黄酱中，继续加油搅拌即可。

存放时要加盖密封，避免高温、冷冻和强烈震动，以防脱油。一般以 3℃冷藏为佳。

【质量标准】色泽乳白，有光泽，呈稠糊状，酸、咸适度。

2）鞑靼少司（Tartare sauce）

【原料】（成品 1 升）马乃司少司 800 毫升，酸黄瓜碎 450 克，水瓜柳碎 80 克，熟鸡蛋碎 120 克，洋葱碎 50 克，法香菜碎 30 克，香叶芹碎 30 克，龙蒿碎 30 克，细香葱碎 30 克，伍斯特郡辣酱油 2 克，塔巴斯科辣椒酱 2 克，盐和胡椒粉适量。

【设备器具】不锈钢份数盆、密封保鲜盒、西餐刀、砧板、电子秤、量杯、细孔滤网、汁勺、蛋抽、果汁搅碎机等。

【制作方法】

（1）制作马乃司少司。

（2）将水瓜柳等辅料分别切碎后备用。

（3）将马乃司少司、酸黄瓜等辅料和调料等一同放入不锈钢份数盆中，搅匀，调味即成。

立刻上菜使用或密封后入冰箱冷藏备用。

【技术要点】

（1）各种蔬菜辅料应分别切成粗碎。

（2）酱汁调好后，可以密封冷藏备用，效果更佳。

【质量标准】色泽乳白，咸酸开胃，香草味香浓。

3）恺撒酱汁（Caesar-style dressing）

【原料】（成品 1 升）橄榄油 750 毫升，巴氏消毒过的蛋黄 50 克，柠檬汁 70 毫升，罐装银鱼柳 120 克，第戎芥末酱 20 毫升，大蒜碎 8 克，帕玛森芝士粉 80 克，伍斯特郡辣酱油 10 克，盐和胡椒粉适量。

【设备器具】不锈钢份数盆、密封保鲜盒、西餐刀、砧板、电子秤、量杯、细孔滤网、汁勺、蛋抽、果汁搅碎机等。

【制作方法】

（1）将银鱼柳、第戎芥末酱、大蒜碎等用搅碎机搅碎成酱，加入蛋黄、少许柠檬汁、帕玛森芝士粉、盐和胡椒粉拌匀，逐渐加入橄榄油搅匀。

（2）最后加入柠檬汁、伍斯特郡辣酱油、盐和胡椒粉调味即成。

立刻上菜使用或密封后入冰箱冷藏备用。

【技术要点】

（1）可以用搅碎机制作恺撒酱汁，更加方便快捷。

（2）银鱼柳比较咸，所以要根据银鱼柳的咸味来确定盐的用量。

【质量标准】咸中带酸，芝士和银鱼柳的香味浓厚，适口不腻。

2. 冷的不稳定乳化少司

1）基础油醋少司

基础油醋少司是西餐冷少司中最基础的少司之一，是用油、醋和其他调味料通过搅拌调匀制作而成的。少司中通常因为没有加入乳化剂，所以呈现不稳定的乳化状态，时间长了油和醋会逐渐分离。

【原料】（成品 1 升）酒醋 250 毫升，植物油 750 毫升，芥末酱 20 克，盐和胡椒粉适量。

【设备器具】不锈钢份数盆、密封保鲜盒、西餐刀、砧板、电子秤、量杯、细孔滤网、汁勺、蛋抽、果汁搅碎机等。

【制作方法】

（1）将芥末酱、盐和胡椒粉加入酒醋搅匀。

（2）分次倒入植物油，边加油边搅拌，拌匀后立刻准备使用或冷藏备用。

（3）上菜前，将酱汁的调料再次搅匀，淋汁即成。

【技术要点】

（1）基础油醋少司调制时，通常先将固体调料放入液体调料中，用蛋抽充分搅匀后，再加油搅拌，以便使固体调料充分溶解在液体调料中，风味更融合。

（2）基础油醋少司可以用蛋抽手动搅拌制作，也可以用台式搅拌机、果汁搅碎机或多功能搅碎机来制作。通常用机器搅拌出来的基础油醋少司乳化和稳定效果比手工的效果要好很多，油醋能持续较长时间不分离。

（3）通常基础油醋少司的原料比例是油：醋＝3：1。但是在实际调制中，要根据原料风味差异和不同品牌醋的酸味差异来灵活调节使用。例如，不同成熟度的柠檬、青柠檬和黄柠檬、红酒醋和香脂黑醋等原料的酸味差异各不相同，在调制中，要调试酱汁口味，找出最佳的平衡点，才能做出可口的酱汁。

（4）基础油醋少司中除了基本的盐、胡椒粉、油、醋等调味料以外，还可以根据需要加入其他辅助调味的原料来提味增香，如蛋黄、芥末酱、烤香的大蒜碎、水果蓉或蔬菜蓉、肉汁等，需要调试调料组配出平衡点，准确控制酱汁风味。

制作好的基础油醋少司通常可以立刻使用，或者密封后冷藏备用。为了保证风味和品质，通常保存时间不超过 3 天，在使用前需要将酱汁再次充分搅匀。

【质量标准】咸酸适口，开胃不腻。

【变化类型】

风味油醋少司（flavored oils and vinegars）：在基础油醋少司的基础上，加入各种香草调料、香料、蔬菜、水果等调料，可以制成各种风味的油醋少司，既可以用于沙拉、面食、米饭、水果等菜肴的调味少司，也可以用于菜肴的装饰摆盘，应用广泛。

2）红酒油醋少司（red wine vinaigrette）

【原料】（成品 1 升）红酒醋 250 毫升，橄榄油 750 毫升，红葱碎

西餐冷少司演示 - 红酒油醋汁

20 克，糖 10 克，细香葱碎 3 克，罗勒香草碎 3 克，法香碎 3 克，芥末酱 10 克，盐和胡椒粉适量。

【设备器具】不锈钢份数盆、密封保鲜盒、西餐刀、砧板、电子秤、量杯、细孔滤网、汁勺、蛋抽、果汁搅碎机等。

【制作方法】

（1）将红酒醋、红葱碎、糖、芥末酱、盐和胡椒粉等放入不锈钢份数盆中搅匀，分次加入橄榄油搅成乳稠状酱汁。

（2）最后撒入细香葱碎、罗勒香草碎、法香碎调匀即成。

立刻上菜使用或密封后入冰箱冷藏备用。

【技术要点】

（1）先放固体调料，再放液体调料，最后放油性调料搅匀。

（2）若不立刻使用，需要冷藏存放，可以不加香草调味，通常在上菜前加香草，以保持清香味。

【质量标准】咸酸适口，香草味清香，适口不腻。

【变化类型】

（1）白酒油醋少司（white wine vinaigrette）：将红酒醋替换成白酒醋制作而成。

（2）柠檬香蒜油醋少司（lemon-garlic vinaigrette）：将红酒醋替换成 180 毫升柠檬汁，加入 6 克大蒜碎和 1 克迷迭香碎制作即成。

3）苹果酒油醋少司（apple cider vinaigrette）

【原料】（成品 1 升）苹果酒 300 毫升，苹果酒醋 120 毫升，青苹果碎 1 个，植物油450 毫升，龙蒿碎 4 克，蜂糖浆 10 克，盐 4 克，胡椒粉 0 3 克。

【设备器具】不锈钢份数盆、厚底少司锅、密封保鲜盒、西餐刀、砧板、电子秤、量杯、细孔滤网、汁勺、蛋抽、果汁搅碎机等。

【制作方法】

（1）将苹果酒倒入厚底少司锅中，用小火慢煮浓缩至 120 毫升时，离火凉凉备用。

（2）将浓缩苹果酒汁、苹果酒醋、青苹果碎、盐和胡椒粉放入不锈钢份数盆中拌匀，逐渐加入植物油搅匀成乳化酱汁。

（3）最后加龙蒿碎和蜂糖浆调味即成。

立刻上菜使用或密封后入冰箱冷藏备用。

【技术要点】

（1）小火浓缩苹果酒，增加香味。

（2）香草通常最后放入，保持清香味。

【质量标准】甜酸适口，果香味浓，清爽不腻。

4）香脂黑醋油醋少司（balsamic vinaigrette）

【原料】（成品 1 升）红酒醋 125 毫升，香脂黑醋 125 毫升，橄榄油 750 毫升，糖 3克，细香葱碎 3 克，罗勒香草碎 3 克，法香碎 3 克，芥末酱 10 克，盐和胡椒粉适量。

【设备器具】不锈钢份数盆、密封保鲜盒、西餐刀、砧板、电子秤、量杯、细孔滤网、汁勺、蛋抽、果汁搅碎机等。

【制作方法】

（1）将红酒醋、香脂黑醋、糖、芥末酱、盐和胡椒粉等放入不锈钢份数盆中搅匀，分次加入橄榄油搅成乳稠状酱汁。

（2）最后撒入细香葱碎、罗勒香草碎、法香碎调匀即成。

立刻上菜使用或密封后入冰箱冷藏备用。

【技术要点】

（1）先放固体调料，再放液体调料，最后放油性调料搅匀。

（2）若不立刻使用，需要冷藏存放，可以不加香草调味，通常在上菜前加香草，以保持清香味。

【质量标准】酱汁甜酸微咸，适口不腻。

5）青酱油醋少司（pesto vinaigrette）

【原料】（成品1升）红酒醋250毫升，橄榄油750毫升，青酱120克，盐和胡椒粉适量。

【设备器具】不锈钢份数盆、密封保鲜盒、西餐刀、砧板、电子秤、量杯、细孔滤网、汁勺、蛋抽、果汁搅碎机等。

【制作方法】

（1）将红酒醋、青酱、盐和胡椒粉放入不锈钢份数盆中拌匀，逐渐加橄榄油搅成乳化酱汁。

（2）调味后即成。

立刻上菜使用或密封后入冰箱冷藏备用。

【技术要点】

（1）青酱（pesto）是将新鲜罗勒叶、烤香的松子、大蒜碎、盐、橄榄油、帕玛森（Parmesan）芝士粉等放入搅碎机中充分搅碎后制作的绿色香草酱，适合面食、米饭等菜肴的调味和装饰。

（2）青酱基础油醋少司也可以作为各式面食、土豆、蔬菜、米饭、沙拉菜肴的调味汁。

【质量标准】色泽青绿，咸鲜味浓，芝士、蒜碎和香草香味浓郁。

（二）热少司的制作

1. 褐色少司

褐色少司是英文 brown sauce 的意译，也可以音译为布朗少司，在西式烹调中，褐色少司曾经一度被认为是和法式传统酱汁西班牙少司和烧汁风味特色近似的少司，可以相互替代。而在今天，有更多的西式烹调师也常常把用褐色小牛肉基础汤浓缩成的褐色小牛肉浓缩汁称为是褐色少司或者是烧汁。

西餐热少司
演示操作

因此，准确地说，褐色少司是一个整体的广义概念，泛指用褐色基础汤制作的色泽为棕褐色的少司。在传统法式烹调里，褐色少司分为西班牙少司、褐色小牛肉浓缩汁、烧汁等三大基础类型，而在这些基础少司的基础上，加入其他的调料，就可以变化出更多的褐色少司类型。

1）西班牙少司

【原料】（成品1升）牛碎骨和边角料牛肉500克，褐色小牛骨基础汤1.25升，培根60克，洋葱60克，胡萝卜50克，西芹50克，番茄300克，番茄酱40克，蘑菇50克，大蒜10克，香叶1克，百里香1克，法香菜2克，香叶芹2克，黄油70克，面粉70克，盐和胡椒粉适量。

【设备器具】厚底少司锅、密封保鲜盒、西餐刀、砧板、电子秤、量杯、细孔滤网、炒勺、汁勺、蛋抽、烤箱等。

【制作方法】

（1）将牛碎骨和边角料牛肉用烤箱烤成棕褐色。培根、洋葱、胡萝卜、西芹切成小丁。大蒜切碎。将香叶、百里香、法香菜、香叶芹等香草用厨用棉线扎成香料束。

（2）厚底少司锅放在中火上烧热，加入黄油熔化，放入培根炒香，加洋葱、胡萝卜、西芹炒匀，撒入面粉炒变色。

（3）放入大蒜碎、蘑菇碎、番茄碎和番茄酱炒匀。

（4）倒入褐色小牛骨基础汤，搅匀后煮沸，加入烤香的牛碎骨和边角料牛肉。

（5）转小火慢煮约2小时，放入香料束继续慢煮约1小时。

（6）至少司香浓，去除香料束，撇去浮沫和浮油，加盐和胡椒粉调味，过滤后，离火加无盐黄油搅化，加盖保温备用或迅速冷却，冷藏备用。

【技术要点】

（1）西班牙少司是法国传统少司，是在褐色小牛骨基础汤的基础上，加调味蔬菜、番茄酱、香料和黄油面酱一起慢煮浓缩而成的。因为使用黄油面酱作增稠料，酱汁呈不透明状，具有色泽棕褐、汁稠味厚的特点。

（2）西班牙少司在炒制调味蔬菜时，可以不提前加面粉炒制，而是单独制作褐色黄油面酱，在少司制作结束前30分钟加入浓缩煮制，以便调剂浓稠度。

（3）香料束不宜过早加入，通常在少司结束前1小时加入效果最佳。

（4）西餐少司在保存中，若没有加盖密封，表面容易起一层硬壳使少司干皮，最好的办法是用盖子或保鲜膜将少司密封后保存，这样就不会有干皮的现象。

（5）在低于−18℃的情况下，淀粉的老化作用就大大放缓。因此做好的少司若不立刻使用，可以装袋密封，急冻后冷冻保存备用。

【质量标准】色泽棕褐，汁稠味厚、牛肉味香浓。

2）褐色小牛肉浓缩汁

【原料】（成品1升）边角料小牛肉250克，褐色小牛骨基础汤1.25升，洋葱60克，胡萝卜50克，西芹50克，番茄酱15克，玉米淀粉30克，干红葡萄酒30毫升，雪利酒30毫升，黄油30克，盐和胡椒粉适量。

【设备器具】厚底少司锅、密封保鲜盒、西餐刀、砧板、电子秤、量杯、细孔滤网、炒勺、汁勺、蛋抽等。

【制作方法】

（1）将洋葱、胡萝卜、西芹切碎，大蒜切碎。玉米淀粉加干红葡萄酒和雪利酒调匀。

（2）厚底少司锅中加油烧热，放入边角料牛肉煎成棕褐色。

（3）加入洋葱、胡萝卜、西芹炒香上色，加入番茄酱炒匀。

（4）倒入褐色小牛骨基础汤煮沸，转小火慢煮浓缩煮出味，加入淀粉酒汁勾芡。

（5）汁稠时过滤，加盐和胡椒粉调味，加黄油搅化，成褐色小牛肉浓缩汁。

【技术要点】

（1）边角料小牛肉和调味蔬菜也可以在烤箱内烤成棕褐色，再加入褐色小牛骨基础汤中慢煮浓缩。切记不能将边角料牛肉、蔬菜和番茄酱烤焦。

（2）在少司浓缩过程中，要注意随时撇去浮沫和浮油，以保证酱汁鲜香无异味。

（3）与西班牙少司不同，褐色小牛肉浓缩汁是用淀粉汁勾芡浓稠的，制作简便快捷，所以酱汁相对其他的褐色少司要更加清澈透明和光亮，口味也略微清淡一些。

（4）因为用淀粉汁增稠的缘故，褐色小牛肉浓缩汁不能长时间在火上久煮浓缩，否则淀粉容易分解而使汤汁的浓度变清淡。

（5）因为淀粉的老化特性，在2~4℃时淀粉老化最快，而且淀粉老化是不可逆转的，不能通过再次蒸煮回到淀粉之前的状态。所以用淀粉勾芡的褐色小牛肉浓缩汁，为了保持最佳的浓稠度，通常适合于现制现用的场合和菜肴，不适合冷藏保存。

【质量标准】 色泽棕褐，少司光亮适口，味咸鲜香浓。

3）烧汁

烧汁是一种半基础过渡类的褐色少司，具有色泽深褐、风味浓厚、浓稠似胶冻的特点。在法式传统西餐中，通常用于红肉类菜肴的调味淋汁中。烧汁的传统做法是将等量的褐色小牛骨基础汤和西班牙少司混合在一起，用小火慢煮浓缩至原来体积一半时，过滤而成的。

【原料】（成品1升）西班牙少司1升，褐色小牛骨基础汤1升，黄油15克，蘑菇150克，波特酒100毫升，盐和胡椒粉适量。

【设备器具】 厚底少司锅、密封保鲜盒、西餐刀、砧板、电子秤、量杯、细孔滤网、炒勺、汁勺、蛋抽等。

【制作方法】

（1）将蘑菇切片。

（2）将蘑菇用黄油炒香，煮至酒汁将干时，倒入西班牙少司和褐色小牛骨基础汤煮沸，转小火慢煮。

（3）浓缩至原来体积的一半时，过滤后，加波特酒调味，迅速冷却，冷藏备用。

【技术要点】

（1）烧汁是西餐少司制作中极其重要的基础酱汁，它是各种变化类褐色少司的母少司，应用广泛。

（2）也可以用雪利酒或马德拉酒代替波特酒调味增香。

【质量标准】 色泽棕褐，风味浓厚，浓稠似胶冻。

4）波尔多红酒汁（Bordelaise sauce）

【原料】（成品1升）红葱碎70克，香叶0.5克，百里香2克，黑胡椒粗碎2克，熟牛骨髓粒20克，法香菜2克，黄油15克，波尔多红酒2升，烧汁2升，柠檬汁、盐和胡椒粉适量。

【设备器具】厚底少司锅、密封保鲜盒、西餐刀、砧板、电子秤、量杯、细孔滤网、炒勺、汁勺、蛋抽等。

【制作方法】

（1）将红葱碎、黑胡椒粗碎、香叶、百里香和波尔多红酒倒入锅中，用小火煮至酒汁将干时。

（2）倒入烧汁煮稠，过滤后加牛骨髓粒、柠檬汁搅匀。

（3）加盐和胡椒粉调味，放入小块黄油搅化，撒法香菜碎即成。

【技术要点】

（1）红酒少司以选用红葱作主料为佳。若用洋葱，则容易熬煮出洋葱多余的甜味，影响整体风味。

（2）用小火煮出红酒过多的酸味，将香味熬煮出来。不宜用大火熬煮。

【质量标准】色泽深褐，酒香浓郁，汁稠发亮，味厚不腻。

5）罗伯特少司（Robert sauce）

【原料】（成品1升）洋葱碎125克，澄清黄油65克，干白葡萄酒500毫升，烧汁1升，第戎芥末酱5克，无盐黄油60克，盐和胡椒粉适量。

【设备器具】厚底少司锅、密封保鲜盒、西餐刀、砧板、电子秤、量杯、细孔滤网、炒勺、汁勺、蛋抽等。

【制作方法】

（1）第戎芥末酱用水调匀。将洋葱碎用澄清黄油炒香，加入干白葡萄酒，用小火煮至酒汁将干时。

（2）倒入烧汁煮稠，过滤后加调匀的第戎芥末酱搅匀。

（3）加盐和胡椒粉调味，放入小块无盐黄油搅化即成。

【技术要点】

（1）罗伯特少司适合猪扒类菜肴。

（2）在罗伯特少司的基础上，最后加入酸黄瓜丝搅匀，则成为芥末少司。

【质量标准】色泽棕褐，咸酸适口，芥末和酒香浓郁，汁稠发亮，味厚不腻。

2. 白汤浓汁少司

白汤浓汁少司的做法相对简单，先制成油面酱，再加入白色基础汤调匀后煮沸，调味即成。因为少司有着天鹅绒般的色泽和质感，被命名为velouté sauce（英语velvet sauce），又称天鹅绒浓汁少司。

在传统法式烹调中，把白汤浓汁少司和白汁少司划分为两个不同的类型。白汤浓汁少司是用白色基础汤加金黄色油面酱及调味料调制而成；而白汁少司是用牛奶加白色油面酱及调味料调制而成。

在现代西餐烹调中，则简化了分类的方法，把白汤浓汁少司和白汁少司统一归纳为白色少司。

1）白汤浓酱（velouté）

【原料】（成品1升）澄清黄油70克，面粉60克，白色基础汤或鱼精汤1.25升，洋葱碎30克，蘑菇碎30克，新鲜百里香1枝，法香梗2枝，香叶1片，韭葱2片，西芹茎1小段，黄油（增亮）20克，盐和胡椒粉适量。

【设备器具】厚底少司锅、密封保鲜盒、西餐刀、砧板、电子秤、量杯、细孔滤网、炒勺、汁勺、厨用棉线、蛋抽等。

【制作方法】

（1）将新鲜百里香、法香梗、香叶、韭葱、西芹茎等用厨用棉线制成香料束备用。

（2）厚底少司锅放于中火上烧热，加黄油烧化，放入洋葱碎和蘑菇碎炒香，加入面粉继续炒制。

（3）待面粉炒成金黄色时，离火保温备用。

（4）在热的黄油面酱中，分次加入温热的白色基础汤或鱼精汤，用蛋抽搅匀，上火煮沸，转小火煮约1小时。

（5）待少司浓稠时过滤，加盐和胡椒粉调味，加入黄油搅化，保温备用，或迅速冷却，冷藏备用。

【技术要点】

（1）在白汤浓酱制作中，可以根据需要，加一些新鲜的边角料白色肉类原料增香。可以先将白肉原料用油煎至定型、不上色，再加入洋葱、蘑菇等蔬菜炒香。

（2）以小火炒制黄油面酱，注意控制颜色，以色泽金黄色为佳，香味和酱汁的色泽都很好，切忌焦煳。

（3）白色基础汤应分次加入面酱中。通常可以将温热的白色基础汤与热的面酱混匀搅拌，不能用冷的面酱和冷的基础汤、热的面酱和沸腾的基础汤来混合，否则影响成品质量。

（4）控制好少司的浓稠度，准确把握黄油面酱和基础汤的配方比例。以1升基础汤用量为例，若制作风味清淡的白色浓汤菜肴，可以用到90克的白色油面酱或金黄色油面酱；若制作浓度适中的白汤浓汁少司，可以用到105克的白色油面酱或金黄色油面酱；若制作浓度较大的、用于调制各种肉馅、肉丸的白色浓汁酱，等通常可以用到150克的白色或金黄色油面酱。

【质量标准】色泽乳白，酱汁浓稠，咸鲜清淡，适口不腻。

2）奶油鸡蘑菇少司（suprême sauce）

【原料】（成品1升）澄清黄油30克，白汤鸡肉浓汁1升，热的浓奶油250毫升，蘑菇片250克，无盐黄油50克，盐和胡椒粉适量。

【设备器具】厚底少司锅、密封保鲜盒、西餐刀、砧板、电子秤、量杯、细孔滤网、炒勺、汁勺、蛋抽等。

【制作方法】

（1）将蘑菇片用澄清黄油炒香，加入白汤鸡肉浓汁和浓奶油煮沸，转小火慢煮浓缩。

（2）待酱汁浓稠时过滤，加盐和胡椒粉调味，离火加无盐黄油搅化即成。

【技术要点】

（1）蘑菇片炒香出水即可。

（2）小火煮制，酱汁以浓稠为佳。

【质量标准】 色泽乳黄，奶油味浓，带蘑菇清香，适口不腻。

3）白色束法汁（white chaud-froid sauce）

【原料】（成品1升）白色基础汤1升，黄油60克，面粉60克，明胶片40克，淡奶油1升，柠檬汁10克，盐和胡椒粉适量。

【设备器具】 厚底少司锅、密封保鲜盒、西餐刀、砧板、电子秤、量杯、细孔滤网、炒勺、汁勺、蛋抽等。

【制作方法】

（1）黄油炒面粉，制成白色黄油面酱，离火凉凉，分次加入热的白色基础汤，制成白汤浓汁少司。

（2）倒入淡奶油煮沸，转小火煮稠，加入化软的明胶片，加柠檬汁、盐和胡椒粉调味。

（3）过滤后冷藏，待酱汁黏稠时，淋在原料上装饰即成。

【技术要点】

（1）少司浓缩中，用小火加热，边加热边搅动，避免锅底焦煳。

（2）明胶片先用冷水浸软，再放入热的酱汁中搅化。

（3）注意控制酱汁的浓稠度。

【质量标准】 色泽乳白，酱汁黏稠，味清淡适宜。

3. 白汁少司

1）白汁少司

【原料】（成品1升）黄油60克，面粉60克，澄清黄油10克，洋葱碎15克，牛奶1.25升，香叶0 2克，百里香2枝，豆蔻粉1克，盐和胡椒粉适量。

【设备器具】 厚底少司锅、密封保鲜盒、西餐刀、砧板、电子秤、量杯、细孔滤网、炒勺、汁勺、蛋抽等。

【制作方法】

（1）将黄油放入厚底少司锅中烧化，加入面粉炒匀，制成白色黄油面酱备用。香叶、百里香制成香料束。

（2）将洋葱碎用澄清黄油炒香，加入白色黄油面酱炒匀，离火后保温备用。

（3）在黄油面酱中分次加入温热的牛奶搅匀，上火煮沸，加入香料束，转小火慢煮约30分钟。

（4）至少司浓稠后过滤，加豆蔻粉、盐和胡椒粉调味即成，保温备用；或迅速冷却，冷藏备用。

【技术要点】

（1）小火浓缩慢煮少司，煮制中，应该用木勺或蛋抽随时搅匀，避免锅底焦煳。

（2）煮制中，要随时撇去浮沫，以去除异味。

【质量标准】色泽奶白，酱汁浓稠，咸鲜清淡，适口不腻。

【变化类型】

（1）切达芝士少司：在白汁少司基础上，加入 120 克的切达芝士碎搅匀即成。

（2）奶油少司：在白汁少司基础上，加入浓奶油 125 毫升浓缩煮稠后即成。

2）毛恩内少司（Mornay sauce）

【原料】（成品 1 升）白汁少司 1.25 升，蛋黄 4 个，淡奶油 200 毫升，帕玛森芝士碎 60 克，古老耶芝士（Gruyère）碎 60 克，黄油 60 克，盐和胡椒粉适量。

【设备器具】厚底少司锅、密封保鲜盒、西餐刀、砧板、电子秤、量杯、细孔滤网、炒勺、汁勺、蛋抽等。

【制作方法】

（1）将蛋黄和淡奶油调匀成蛋黄奶油芡。

（2）制作白汁少司，离火加入蛋黄奶油芡搅匀。

（3）上火煮沸后过滤，上菜前，加帕玛森芝士碎和古老耶芝士碎拌匀，加盐和胡椒粉调味，加黄油搅化即成。

【技术要点】

（1）古老耶芝士通常在上菜前加入酱汁中，风味才最佳，不宜过早放入。

（2）也可以用法国汝拉芝士（Jura）或瑞士埃曼塔（Emmenthal）芝士代替古老耶芝士，风味亦佳。

【质量标准】色泽乳白，少司浓稠，芝士奶油香味浓郁。

4. 番茄少司

番茄少司是西餐中使用最广泛的少司之一，在全世界各地的美食中，番茄少司的制作工艺和配方变化多样，各有特色。有的烹调师喜欢用新鲜的生番茄作番茄汁的主料，有的喜欢用煮熟的罐装番茄，有的喜欢在调料中加入烤过的牛骨或猪骨提味，有的喜欢加入培根或烟熏火腿浓味，有的番茄汁只能用橄榄油来调制等。而法国名厨 Escoffier 定义的番茄少司是用油面酱作浓稠料加工而成。

1）番茄少司Ⅰ（tomato sauce Ⅰ）

【原料】（成品 1 升）黄油 50 克，培根 100 克，胡萝卜 150 克，洋葱 150 克，大蒜 20 克，面粉 50 克，蘑菇 50 克，鲜番茄 1 千克，番茄酱 100 克，白色基础汤 1.5 升，香叶 1 克，百里香 1 克，法香菜 2 克，香叶芹 2 克，细砂糖、盐和胡椒粉适量。

【设备器具】厚底少司锅、密封保鲜盒、西餐刀、砧板、电子秤、量杯、细孔滤网、炒勺、汁勺、蛋抽等。

【制作方法】

（1）培根、胡萝卜、洋葱切小丁；大蒜切碎；番茄去皮、去籽、去蒂，切碎；将香叶、百里香、法香菜、香叶芹等香草用厨用棉线扎成香料束。

（2）将培根用黄油炒香，加胡萝卜、洋葱、大蒜炒匀，加面粉炒上色。

（3）加入蘑菇、番茄、番茄酱炒匀。

（4）分次倒入热的白色基础汤，煮沸后加香料束。

（5）转小火慢煮约2小时，至酱汁浓稠。

（6）去除香料束，撇去浮沫和浮油，加细砂糖、盐和胡椒粉调味，过滤后即成，保温备用或迅速冷却，冷藏备用。

【技术要点】

（1）汁中加入细砂糖，有和味的作用，用量宜少，以不显现甜味为佳。

（2）若鲜番茄的质量好，则可以不用番茄酱，使用2千克鲜番茄制作。

（3）这种番茄汁多用于西式菜肴的调味酱汁。

【质量标准】色泽棕红，汁稠发亮，味香浓，番茄味浓厚。

2）番茄少司Ⅱ（tomato sauce Ⅱ）

【原料】（成品1升）澄清黄油10克，培根15克，胡萝卜20克，洋葱40克，大蒜20克，面粉20克，罐装带汁番茄碎2升，番茄酱60克，白色基础汤70毫升，烤香上色的猪骨500克，香叶1克，百里香1克，法香菜2克，香叶芹2克，细砂糖、盐和胡椒粉适量。

【设备器具】厚底少司锅、密封保鲜盒、西餐刀、砧板、电子秤、量杯、细孔滤网、炒勺、汁勺、蛋抽、果汁搅碎机等。

【制作方法】

（1）培根、胡萝卜、洋葱切小丁；大蒜切碎；将香叶、百里香、法香菜、香叶芹等香草用棉线扎成香料束。

（2）将培根用黄油炒香，加胡萝卜、洋葱、大蒜碎炒匀，加面粉炒上色。

（3）加入罐装番茄碎、番茄酱、白色基础汤炒匀。

（4）加入烤香的猪骨煮沸后加香料束，转小火慢煮约2小时，至酱汁浓稠。

（5）去除香料束，撇去浮沫和猪骨，放入果汁搅碎机中搅碎成蓉酱。

（6）加细砂糖、盐和胡椒粉调味即成，保温备用或迅速冷却，冷藏备用。

【技术要点】

（1）这种番茄少司使用罐装鲜番茄为主，主要用罐装番茄汁来熬煮番茄少司的浓度，突出原汁原味的番茄风味。

（2）制作好的番茄少司需要用搅碎机搅碎成蓉酱。

【质量标准】色泽棕红，酱汁细腻有光泽，味咸酸略甜，番茄味浓厚。

3）番茄少司Ⅲ（tomato sauce Ⅲ）

【原料】（成品1升）胡萝卜碎120克，洋葱碎120克，西芹碎60克，大蒜碎5克，橄榄油60克，黄油30克，鲜番茄碎1.5千克，法香菜5克，细砂糖、盐和胡椒粉适量。

【设备器具】不锈钢份数盆、厚底少司锅、密封保鲜盒、西餐刀、砧板、电子秤、量杯、细孔滤网、汁勺、蛋抽、果汁搅碎机等。

【制作方法】

（1）厚底少司锅中加黄油和橄榄油烧热，放入胡萝卜碎、洋葱碎、西芹碎、大蒜碎炒香上色。

（2）加鲜番茄碎炒匀，转小火慢煮约1小时。

（3）至番茄味浓，酱汁浓稠时出锅。

（4）加法香碎拌匀，用盐和胡椒粉调味即成。

【技术要点】

（1）这是用番茄碎直接熬煮出的原味番茄汁，适合各种米饭、面食菜肴的调味。

（2）熬煮番茄酱时，要用小火，适当搅动，避免焦煳。

【质量标准】 色泽棕红，番茄蓉酱浓稠，味咸酸略甜，番茄味浓厚。

4）番茄少司Ⅳ（tomato sauce Ⅳ）

【原料】（成品1升）洋葱碎90克，大蒜碎5克，橄榄油20毫升，黄油30克，鲜番茄碎或罐装番茄碎1千克，罗勒香草碎25克，盐和胡椒粉适量。

【设备器具】 不锈钢份数盆、厚底少司锅、密封保鲜盒、西餐刀、砧板、电子秤、量杯、细孔滤网、汁勺、蛋抽、果汁搅碎机等。

【制作方法】

（1）厚底少司锅中加橄榄油烧热，放入洋葱碎、大蒜碎炒香上色。

（2）加鲜番茄碎炒匀，转小火慢煮约1小时。

（3）至番茄味浓，酱汁浓稠时出锅。

（4）加罗勒香草碎拌匀，用果汁搅碎机搅碎成蓉酱，用盐和胡椒粉调味即成。

【技术要点】

（1）这是用番茄碎直接熬煮出的原味番茄汁，适合各种米饭、面食菜肴的调味。

（2）熬煮番茄酱时，要用小火，适当搅动，避免焦煳。

【质量标准】 色泽棕红，番茄蓉酱浓稠，味咸酸略甜，番茄味浓厚。

5. 荷兰少司

荷兰少司属于黄油少司，是以黄油为主料制作的西餐少司。黄油少司制作方式多样，种类繁多，主要有用澄清黄油、水和蛋黄制作的乳化黄油少司；用浓缩酒醋汁和黄油制作的白黄油少司；用香草和软化的黄油搅匀制作的酒店管事黄油酱等。

1）荷兰少司

【原料】（成品1升）鸡蛋黄8个，熔化黄油或澄清黄油650毫升，红葱碎25克，粗胡椒碎2克，苹果酒醋或白酒醋110毫升，柠檬汁20毫升，纯净水110毫升，西班牙红粉、盐和胡椒粉适量。

【设备器具】 不锈钢份数盆、厚底少司锅、密封保鲜盒、西餐刀、砧板、电子秤、量杯、细孔滤网、汁勺、蛋抽等。

【制作方法】

（1）将红葱碎、粗胡椒碎和酒醋放在厚底少司锅中加热煮制，待酒汁将干时离火。

（2）加入纯净水搅匀，过滤后放入不锈钢份数盆中。

（3）将鸡蛋黄加入浓缩的汁液中，采用水浴加热的方法，隔热水用蛋抽搅打蛋黄浆。

（4）至蛋黄浆浓稠起泡、体积增大后，分次加入热的熔化黄油或澄清黄油，边加油边搅拌。

（5）至黄油加完后，加入柠檬汁、西班牙红粉、盐和胡椒粉等调料调味即成。

（6）将少司趁热上菜或保温备用。

【技术要点】

（1）荷兰少司是热的乳化黄油少司，可以用熔化的黄油或澄清黄油制作。用熔化的黄油制作而成的荷兰少司整体风味浓厚，口感柔和细腻，适合用于各种肉类、水产品、蔬菜和蛋类菜肴；而用澄清黄油制作的荷兰少司则更稳定，质感偏硬一些，适合用于焗烤类菜肴的烹制。

（2）通常以1个蛋黄配60～85克黄油的比例来调制。

（3）控制蛋黄浆水浴加热搅打的温度。以水温65℃左右为宜。若制作中，盆底或盆边的蛋黄液开始凝固，则应该立刻从热水中拿开，迅速降温，以免蛋黄过熟失去乳化性。

（4）若调制时少司过于浓稠，可以加入柠檬汁或少量热水使之浓度稀释。

（5）荷兰少司切忌过夜存放，只需现制现用，因为少司中的蛋白质和油量丰富，在温热的环境下，容易变质。

（6）荷兰少司制好后，应趁热上菜，或者加盖保温存放，保温时间不能超过2小时。

【质量标准】色泽浅黄，有光泽，成乳膏状，绵软细腻，咸鲜微酸。

【变化类型】

毛士莲少司：上菜前，在荷兰少司中，加入180毫升的打发的浓奶油调匀即成。

2）班尼士少司（béarnaise sauce）

【原料】（成品1升）蛋黄8个，熔化黄油或澄清黄油720毫升，红葱碎100克，粗黑胡椒碎10克，龙蒿碎60克，香叶芹碎40克，白葡萄酒50毫升，白酒醋或龙蒿酒醋100毫升，纯净水90毫升，盐和胡椒粉适量。

【设备器具】不锈钢份数盆、厚底少司锅、密封保鲜盒、西餐刀、砧板、电子秤、量杯、细孔滤网、汁勺、蛋抽、果汁搅碎机等。

【制作方法】

（1）将红葱、粗黑胡椒、龙蒿、香叶芹香草等分别切碎备用。

（2）将龙蒿酒醋、红葱碎、粗黑胡椒碎、龙蒿碎30克和香叶芹碎20克一同放入厚底的厚底少司锅中，用小火浓缩。

（3）煮至酒汁将干时，离火加入白葡萄酒和纯净水，过滤后放入不锈钢份数盆中，成浓缩香草汁备用。

（4）将蛋黄放入浓缩香草汁中调匀，用蛋抽搅打成起泡的Sabayon蛋黄酱。把汁盆放入60℃的热水中，继续用蛋抽搅动。

（5）至蛋黄酱浓稠，体积增大时，分次加入热的黄油，边加油边搅动。

（6）待油加完，加入剩余的龙蒿碎30克和香叶芹碎20克，用盐和胡椒粉调味即成。

（7）将少司趁热上菜或保温备用。

【技术要点】

（1）上菜前才加入剩余的龙蒿碎和香叶芹碎，以保持香草翠绿的色泽和清新的香味。

（2）班尼士少司制好后，应趁热上菜，或者加盖保温存放，保温时间不能超过

2 小时。

【质量标准】色泽黄绿，成乳膏状，香草味浓，软滑细腻，咸鲜微酸。

【变化类型】

疏朗少司：在班尼士少司中，加入 50 克的煮稠的浓缩番茄少司即成。

3）白黄油少司（beurre blanc）

【原料】（成品 1 升）小块黄油 710 克，红葱碎 40 克，粗胡椒碎 2 克，干白葡萄酒 250 毫升，柠檬汁 65 毫升，白酒醋 100 毫升，浓奶油 250 毫升，柠檬皮屑 10 克，盐和胡椒粉适量。

【设备器具】不锈钢份数盆、厚底少司锅、密封保鲜盒、西餐刀、砧板、电子秤、量杯、细孔滤网、汁勺、蛋抽、果汁搅碎机等。

【制作方法】

（1）将浓奶油用小火浓缩至原来体积一半时离火备用。

（2）将红葱碎、粗胡椒碎、干白葡萄酒、柠檬汁、白酒醋放入厚底少司锅内，浓缩至酒汁将干时，加入浓缩过的浓奶油搅匀，煮 2～3 分钟。

（3）分次加入小块黄油，边加油边搅动，至黄油加完，加入柠檬皮屑提味。

（4）用盐和胡椒粉调味，将少司过滤后即成。

【技术要点】

（1）浓缩时用小火。红葱也可以先用适量黄油炒香后，再加其他调味料进行浓缩，以增进风味。

（2）离火加入黄油时，应慢慢地搅动。若温度过低，可以将锅重新置于小火上加热，待黄油熔化时离火，重复步骤，至黄油均匀熔化为止。

（3）白黄油少司主要应用于煮、蒸制类的海鱼类和蔬菜类菜肴，制作中还可根据需要，加入细香葱、香叶芹、薄荷叶、咖喱粉、红椒粉等调料提味。

【质量标准】少司色泽乳黄，黄油香味浓厚。

4）酒店管事黄油酱（Maître d'hôtel butter）

【原料】（成品 500 克）黄油 500 克，法香菜碎 60 克，柠檬汁 25 毫升，盐和胡椒粉适量。

【设备器具】不锈钢份数盆、厚底少司锅、密封保鲜盒、西餐刀、砧板、电子秤、量杯、细孔滤网、汁勺、蛋抽、果汁搅碎机、微波炉等。

【制作方法】

（1）将黄油切成小块，放入碗中，送入微波炉内加热。

（2）至黄油变软后取出，用蛋抽搅匀。

（3）加入法香菜碎、柠檬汁、盐和胡椒粉调味，成软化的黄油酱。

（4）将黄油酱放于保鲜膜或油纸上，卷裹成直径 3 厘米的长条，送入冰箱冷藏备用。

（5）或将黄油酱放入裱花袋中，挤成漂亮的花形，冷藏备用。

（6）使用前取出切片，上菜即成。

【技术要点】

（1）搅拌黄油时，环境温度不宜过高或过低，以使黄油逐渐软化，成软膏状为度。

（2）可以用多功能搅拌机搅拌黄油，更快捷。

（3）少司做好后，可以放在保鲜膜或是锡箔纸上，卷成直径约3厘米的长圆条，送入冰柜中冷冻。待凝结冻硬后取出，切成厚片，以备使用。

【质量标准】细腻软滑，咸中带酸，香味浓郁，风味独特。

（三）糕点少司的制作

1. 尚蒂伊奶油酱（crème Chantilly）

【原料】（成品1升）鲜奶油1升，香子兰香草粉少许，糖粉150克。

【设备器具】不锈钢份数盆、电子秤、量杯、汁勺、蛋抽、果汁搅碎机等。

【制作方法】

（1）将鲜奶油倒入不锈钢份数盆内，加入香子兰香草粉拌匀。

（2）将不锈钢盆放于装有冰块的大盆中，隔冰水用蛋抽将奶油打发。

（3）至鲜奶油发泡、挺身时，加入糖粉拌匀即成。

【技术要点】

（1）可以用不锈钢盆制作酱汁。奶油隔冰水打发，制作方便。

（2）奶油不宜过度打发，否则成品不饱满，无光泽。

【质量标准】酱汁松泡，香甜适口，奶香味足。

2. 英式香草汁（crème anglaise）

【原料】（成品1升）牛奶1升，鸡蛋黄10个，香子兰香草荚1枝，糖粉200克，（风味变化）：浓缩咖啡粉25克（或可可粉50克、或开心果100克），力乔酒50毫升。

【设备器具】不锈钢份数盆、厚底少司锅、密封保鲜盒、电子秤、量杯、汁勺、蛋抽、细孔滤网、果汁搅碎机等。

【制作方法】

（1）厚底少司锅中加牛奶和剖开的香子兰香草荚煮沸，保温备用。

（2）把鸡蛋黄放入不锈钢盆中，加糖粉后用蛋抽搅打至乳稠状。

（3）将热牛奶分次倒入（2）的蛋黄酱中，边倒边搅，至牛奶倒完成蛋奶浆。

（4）将蛋奶浆倒入厚底少司锅中加热，放入咖啡粉和力乔酒，边加热边搅动。

（5）至蛋奶浆浓稠时，过滤后迅速冷却，冷藏备用即可。

【技术要点】

（1）热牛奶要分次倒入搅匀的蛋黄中，边加边搅动，以免蛋黄过度受热。

（2）用小火煮制蛋奶浆时，边煮边搅拌，至微沸时离火，以免蛋黄过度受热，影响酱汁的质地。

【质量标准】酱汁乳黄，香甜适口，奶香味足。

3. 巧克力汁（chocolate sauce）

【原料】（成品1升）巧克力碎340克，奶油500毫升，黄油45克。

【设备器具】不锈钢份数盆、厚底少司锅、密封保鲜盒、电子秤、量杯、汁勺、蛋抽等。

【制作方法】

（1）将巧克力碎和奶油放入不锈钢份数盆中，置于小火上水浴加热搅匀。

（2）至巧克力完全熔化后，离火加入黄油搅化即成。

【技术要点】

（1）小火加热熔化巧克力酱，也可以用电磁炉加热，便于控制熔化的温度。

（2）熔化的巧克力汁细腻，无颗粒，浓稠适度。

【质量标准】酱汁浓稠适度，细腻绵软。

4. 马沙拉萨芭雍汁（Marsala sabayon）

马沙拉萨芭雍汁起源于浪漫水都威尼斯，它是将蛋黄、白砂糖和马沙拉酒混合打发至浓稠后而成的甜点酱汁。可以搭配新鲜的无花果一起食用。

【原料】（成品 1 升）蛋黄 10 个，白砂糖 60 克，马沙拉酒 80 毫升。

【设备器具】不锈钢份数盆、厚底少司锅、密封保鲜盒、电子秤、量杯、汁勺、蛋抽等。

【制作方法】

（1）将蛋黄、白砂糖和马沙拉酒放入不锈钢份数盆中搅拌均匀。

（2）再置于小火上，隔水水浴加热，搅拌打发。

（3）至整体浓稠如奶泡状，膨胀至原体积 1 倍状时即成。

（4）趁热上菜即可。

【技术要点】

（1）隔水加热的温度不要太高，以免蛋黄过熟。

（2）制作好的萨芭雍汁适合配手指饼干或淋在各种水果上配搭风味，适口宜人。

【质量标准】酱汁浓稠适度，细腻绵软，甜香宜人。

拓展与思考

（1）西餐常用香料的种类与特点是什么？

（2）西餐常用香料在烹调中的使用方法与原则是什么？

（3）西餐常用基础汤主要应用于哪些类型菜肴，使用中有什么注意事项？

（4）西餐常用的基础少司和变化少司有哪些？

（5）西餐基础汤和基础少司之间有什么样的关系？

（6）请用中英文双语列出现代西式烹调中的经典少司和特色少司，指明配方、制作方法、制作要领和应用范围。

第六章

西式烹调方法与应用

学习目标

　　学习西式菜肴烹调成熟度的标准和要求；熟悉预制加工中常用的专业术语和基本原则。掌握不同西式烹调方法的特点和应用范围，能够按照标准化程序熟练操作与应用。

　　烹调方法是指将经过刀工成形和预制加工的原料，采用不同的烹制方式制作成菜的过程。在西式烹调中，需要根据原料的不同性质、形状选择不同的烹调方法。

第一节　西式烹调概述

一、烹调的作用

1. 保证食品安全

　　通过合理的烹调方法，对食材进行杀菌消毒，最大限度地保持食材的色、香、味、形与营养素，制作出美味又营养的美食，保证食品的安全性和可食性。

西式烹调概述

2. 改变食材的风味

　　通过合理的烹调方式，改变原料内部的结构，产生不同的风味；同时由于各种调味料的巧妙搭配和作用，使菜肴具有独特风味。

3. 保持菜肴温度和香味

　　菜肴的风味特色与温度关系密切。热食菜肴的温度可以保持食材饱满的质感、艳丽的色泽，使菜肴散发出浓郁的香味。

4. 使菜肴更容易消化吸收

　　通过合理烹调，使原料中很多不易被人体消化吸收的营养成分分解或转化，如淀粉质、蛋白质、胶质等，更利于人体的营养和健康。

二、西式烹调热传递的类型

西式烹调中常见的热传递方式有三种类型：热传导、热对流和热辐射。在烹调中，通过这三种热传递方式单一或交互作用，使原料烹调成熟，形成不同风味的菜肴。

1. 热传导

热传导也称"导热"。是热传递的基本方式之一，可以细分为固体中的热传导、气体中的热传导和液体中的热传导三种。

热传导的实质是大量物质的粒子热运动互相撞击，使能量从物体的高温部分传至低温部分，或由高温物体传给低温物体的过程。它是固体中热传递的主要方式，在不流动的液体或气体层中层层传递，在流动情况下往往与对流同时发生。

在西式烹调中，热传导主要表现为：热量通过火焰加热传递到锅具，然后由锅具传递至接触锅具的原料自身；其次是原料自身的热量，也有一个由外向里的传递过程。因此，在烹制中，小块原料加热到热透的时间短、成熟快；大块原料加热到热透的时间长、成熟慢。

西餐中常见的热传导烹调方法有铁扒、串烧、煎、炒等。

2. 热对流

热对流是指热量通过流动介质，由空间的一处传播到另一处的现象。液体或气体中较热的部分和较冷的部分之间，通过循环流动使温度趋于均匀的过程。

在西式烹调中，热对流主要表现为，热量随着液体或气体的温差不同，较热的部分上升，较冷的部分下降，循环流动而产生了热量的传递和交换。在烤制和蒸制的菜肴中，因为热量较大，加上设备内部鼓风风扇的作用，使烤箱内的热空气或蒸柜中的水蒸气循环流动，达到了热量的均匀对流交换。操作中，要适当地翻动原料，以便受热均匀。常见的热对流烹调方法有煮、氽、蒸、烩、焖、烤等。

3. 热辐射

热辐射是物体因自身的温度而具有向外发射能量的一种热传递方式。热辐射和热传导、热对流不同，它能不依靠传热介质把热能直接从一个系统传给另一系统。热辐射以电磁辐射的形式辐射出能量，温度越高，辐射越强。

在西式烹调中，热辐射是通过红外线辐射和微波辐射的方式来进行热量传递的。例如，常用的面火焗炉利用所加热的电器元件发出高温的红外线辐射使原料烹制成菜；而微波炉是通过微波特性使原料烹制成菜的。

三、西式烹调的原则

在西式烹调中，要制作色、香、味、形、质及营养合理的菜肴，就必须准确控制菜肴烹制的火候。火候是指原料的成熟度与原料的种类、质地、刀工形状、烹制方法、火力大小、加热时间之间的关系。

1. 根据原料的种类和性质控制烹调火候

原料的种类不同，烹调方法就不同，菜肴成菜的火候也不相同，如西餐中的小牛肉和牛肉。小牛肉是指牛犊出生后完全用全乳、脱脂乳或代乳料饲喂5～6个月，出栏体重达到150～180千克，经特殊的屠宰、分割、排酸而生产出来的牛肉。相对于牛肉，其肉质嫩滑、味道鲜美，肉色带浅粉色，营养价值高，粗蛋白比一般牛肉高63%，脂肪低95%，富含人体所必需的各种氨基酸和维生素。因其脂肪含量低、肉质细腻，适合煎、扒、烩等不同的烹制方法。

而同一原料的不同部位性质不同，适合的烹制方法也不尽相同，如以牛肉为例：

（1）菲力牛排（filet mignon），是牛腰部的小块里脊肉，又称为牛柳肉（tenderloin），具有肉质细嫩，无肥油的特点。因为油脂少，烹制过熟就缺乏肉汁和油汁，所以不适合长时间烹制，通常适合煎、扒、烤的烹调方法。菲力牛排是指小块的菲力牛扒，大块的称为牛腰肉扒（tenderloin steak）。

（2）肋眼牛排（rib's eye steak），是牛肋脊部位的肉，虽然这里没有菲力牛排嫩，但是取自牛的第6根到第12根肋骨附近的肋眼牛排肉，具有肉嫩多汁、大理石状油花脂肪丰富的特点，经过煎、扒或长时间低温烘烤后，肉质香嫩多汁，美味适口。

（3）牛腿肉（beef round）、牛胸肉（beef brisket），这类肉的肉质结缔组织多，纤维粗长，适合长时间烹调，如焖、烩等。

2. 根据原料的不同形状控制烹调火候

在西式烹调中，需根据原料刀工成形的不同形状，控制烹调时间和火候。例如，同一部位的牛肉，在制作煎制牛扒时，切成1厘米、2厘米和3厘米厚度的牛扒，烹调的时间和火候就不相同。

通常较薄的牛扒，采用大火快速煎制，定型后翻面，迅速确定成熟度；而较厚的牛扒，采用大火煎定型，转小火慢速控制成熟度，以免一直大火煎焦表面，或一直小火会损失很多肉汁，牛扒变得很老或咬不动。

在使用焖、烩等混合型烹调方法时，应注意主辅料的规格尽量保持一致，以便控制成熟时间。若有的原料形状大，可以先烹调，形状小的后放入烹调，保持成熟度的一致性。

3. 根据原料的数量控制烹调火候

在西式烹调中，需根据原料的数量控制烹调火候。例如，煎制小份牛扒和大批量牛扒的方法不同。可以在煎盘中煎制小份牛扒，控制方便，便于少司的浓缩加工；而煎制大批量牛扒时，则应该用扒炉，采用铁扒煎制的方法，甚至在煎定型后，再送入烤箱中烤制，以便控制牛扒整体的成熟度。

同样用于烩制的菜肴，量少的情况下可以直接在明火上用小火慢煮烩制，若批量大则可以将菜肴调好味，密封后送入烤箱烤制成菜。

4. 根据烹调方法的特点控制烹调火候

对于一些大型的或很新鲜的食材原料，可以采用低温烹调的方式来保持原汁原味的风味。例如，通常大型的肉类原料，若采用高温烹调、大火快煮或高温烘烤，原料内部热量传导过程比较慢，而原料表面因高温会损失大量的蛋白质和肉汁，烹制后成品风味会有很多损失；而采用低温烹调，如慢火烘烤、低温慢煮等，会极大限度地保持原料本身的风味，达到肉嫩多汁的效果。

5. 根据饮食习惯控制烹调火候

在西式烹调中，应该根据人们的饮食习惯和特点，准确地控制烹调的火候，如针对煎制的牛扒等。西方人习惯吃带有血汁的嫩牛排；而猪肉、鸡肉等习惯烹制全熟，水产品通常也习惯烹制成全熟。

第二节 西式烹调预制加工

一、调味与腌制

西式烹调调味的目的是在保持食材本味的基础上，给原料辅助增香提味、确定菜肴的风味，而不是降低或掩盖食材的本味。西式烹调常用的调味料是盐和胡椒粉，此外，还常用各种香草、香料来调味。在腌制原料时，还会用到各种油脂、酸性调料、调味蔬菜，如洋葱、胡萝卜、大蒜等。在西式烹调中，掌握正确的调味时机和调味方法对控制菜肴的成菜质量有着重要的作用。

（一）盐和胡椒粉的应用

盐和胡椒粉是西餐常用的基本调味料，几乎所有的西式菜肴都离不开这两种调味料。常言道："珍馐美味，离盐没味"。在西式菜肴烹制前、烹制中和烹制后都应该根据要求合理用盐来调味。

有的烹调师在菜肴烹制时，习惯在最后成菜前才用盐来调味，而忽视了烹制前的合理用盐腌味，其实这样只能在最后给原料和酱汁定味，尤其在对大块食材烹调时，原料内部的基础咸味不足，也就无法带出内部的鲜味。

除了直接用盐和胡椒粉调味以外，西式烹调师还常常自制特色的香料盐来给食材调味，以增加菜肴的风味。做法是将各种新鲜的香草或香料用烤箱低温烘干后，磨制成细碎，与盐和胡椒粉混合后使用，这种方法制作出来的香料盐，很有特色，在菜肴腌制调味中，应用广泛。

（二）西式烹调腌制技术的应用

西式烹调腌制是将原料放入调好味的腌制酱中浸泡入味，使原料增香、滑嫩或延长保存时间，以备烹制的加工技术。

西式烹调常用腌制料有油脂、酸性调料和各种香料。油脂在腌制中，有保持原料表面滋润、烹调时增加香味的作用；酸性调料包括各种酒类、醋类、酸奶、柠檬汁等，通过研究表明，有机酸在肉类的腌制中能改变肌原纤维蛋白和结缔组织蛋白的特性，有一定的嫩化作用，同时也有去异增香的作用；调味香料包括各种香草和调味蔬菜，在腌制中对菜肴风味起到辅助增香的作用。

西式烹调原料腌制的时间要根据原料的特点来控制。肉嫩易碎的原料，如鱼类、禽肉类腌制时间较短，而肉质紧实的各种肉类时间较长。另外，若腌制酱中加入的酸性调料多，则腌制的力度较大，腌制时间短，如20～30分钟即可，反之亦然。

西式烹调腌制技术通常分为干腌、湿腌、生料腌制、熟料腌制、即时腌制。

1. 干腌

干腌是指将各种香料、盐和胡椒粉一起调匀成较干的腌制酱料，然后涂抹在原料表面，送入冰箱冷藏腌制入味的方法。在烹调前一般可以去除腌制料，也可以带着腌制料一同烹制，加工制作而成。通常用于烧烤、焖、烩等烹调方法。

2. 湿腌

湿腌是指将各种香料、酒类、醋类、盐和胡椒粉等调料一同与原料混匀后，送入冰箱浸泡腌制的方法。湿腌制作时，注意用腌制汁充分淹没原料，中途可以适当翻动，以确保腌制均匀。在菜肴烹制前，刷上腌制汁，去掉表皮的香草，以免焦煳。

3. 生料腌制

生料腌制是指将加工成大块的生肉原料，加入各种未烹制的调味蔬菜、香料和酒类，冷藏浸泡腌制的方法。生料腌制有去异增香、软化肉质、延长保存时间的作用，通常采用真空密封腌制的方法，效果更佳。

4. 熟料腌制

熟料腌制是指将加工的大块肉类、禽类或野味原料，加入各种烹制出味后凉凉的调味蔬菜、香料和液体调料，冷藏浸泡腌制的方法。熟料腌制相对于生料腌制，应用范围要小一些，主要用于肉质较老、异味较重的野味原料，如野猪腿的腌制等。

5. 即时腌制

即时腌制是指将加工好的小块肉类、禽类、内脏、水产品和蔬菜原料，加柠檬片、色拉油、香料和液体调料，浸泡腌制的方法，这种腌制方法时间较短，适应面广，常用于铁扒类、煎制类、炸类菜肴的腌制中。

此外，还可以将各种特色调料，如大蒜碎、面包粉、芝士碎、芥末籽、各种油脂等与盐和胡椒粉混合，制作成软膏状的腌制酱料，黏附在原料表面，然后烘烤成菜，增添菜肴的风味。

二、馅料制作

馅料制作是西餐热菜预制加工的一个基础技能。西餐馅料的应用范围很广，常常在各种卷类菜肴、肉酱类菜肴、烤制类菜肴中用到馅料。这种肉馅通常是由各种香草、蔬菜、水果及调味蔬菜等加工制作而成。

西餐馅料通常分为面包酿馅、米饭酿馅、肉酱蓉馅。

1. 面包酿馅

面包酿馅应用广泛，常用于各种肉类、禽类、水产品菜肴的酿制馅料。是将各种陈面包去除外皮，取面包心制成小碎块，加入炒香的调味蔬菜，香草和香料等调制而成的。可以根据菜肴需要，在面包酿馅中加入肉汤、鸡蛋来调节浓度，也可以加入香肠、水产品、蘑菇等增加香味。

2. 米饭酿馅

米饭酿馅和面包酿馅一样，常用于各种肉类、禽类、水产品菜肴的酿制馅料。通常将各种米饭制熟后凉凉，加香草、香料、鸡汤或鸡蛋等调制而成。

3. 肉酱蓉馅

肉酱蓉馅主要用于制作各种肉酱类菜肴，制作的肉酱蓉馅料要求质地非常细腻。因为肉酱蓉馅在制作中工序较为复杂，为保证菜肴的卫生和安全，可以用冰镇保鲜的方法制作。通常做好的肉酱蓉馅可以用来制作各种肉卷、肉酱批等菜肴。这里介绍几个肉酱蓉馅的制法。

1）肉酱蓉馅 I（meat forcemeat I）

【原料】（成品1千克）小牛肉250克，猪肉250克，猪肥肉250克，红葱碎130克，蛋黄3个，食盐5克，胡椒粉2克，奶油150毫升。

【设备器具】不锈钢份数盆、密封保鲜盒、西餐刀、砧板、电子秤、量杯、细孔滤网、汁勺、蛋抽、绞肉机、破壁料理机等。

【制作方法】

（1）将所有肉切成3平方厘米的丁，加红葱碎、盐和胡椒粉冷藏腌制入味。

（2）将肉一起用绞肉机绞2～3遍成肉酱蓉，送入冰箱冷藏备用。

（3）将肉酱蓉放入破壁料理机中，加入蛋黄、奶油搅匀后调味。

（4）冷藏备用。

【技术要点】

（1）猪肉、牛肉和肥肉都切成丁，便于加工。

（2）红葱碎可以事先用油炒香，凉凉后加入，口味更香。

（3）制作中，始终注意要多次冷藏，不能让肉酱蓉温度过高，否则容易变质。

2）肉酱蓉馅 II（meat forcemeat II）

【原料】（成品900克）小牛肉500克，蛋白5个，食盐3克，胡椒粉1克，奶油

300 毫升。

【设备器具】不锈钢份数盆、密封保鲜盒、西餐刀、砧板、电子秤、量杯、细孔滤网、汁勺、蛋抽、绞肉机、破壁料理机等。

【制作方法】

（1）将肉切成 3 平方厘米的丁，加盐和胡椒粉冷藏腌制入味。

（2）将肉用绞肉机绞 2~3 遍成肉酱蓉，送入冰箱冷藏备用。

（3）将肉酱蓉放入破壁料理机中，加入蛋白、奶油搅匀后调味。

（4）冷藏备用。

【技术要点】

（1）牛肉需要去筋和肥肉，再切成丁，便于加工。

（2）这种肉馅内因为加入了蛋白，适合于色泽洁白的纯色类肉酱菜肴制作。

（3）制作中，始终注意要多次冷藏，不能让肉酱蓉温度过高，否则容易变质。

3）鱼肉酱蓉馅（fish forcemeat）

【原料】（成品 1 千克）鱼肉 500 克，鸡蛋 2 个，食盐 3 克，胡椒粉 2 克，奶油 500 毫升，法香 15 克，香葱 15 克，打泡的蛋白 3 个。

【设备器具】不锈钢份数盆、密封保鲜盒、西餐刀、砧板、电子秤、量杯、细孔滤网、汁勺、蛋抽、绞肉机、破壁料理机等。

【制作方法】

（1）将鱼肉用绞肉机绞细咸鱼肉酱蓉。

（2）将鱼肉酱蓉放入破壁料理机中，加入蛋白、奶油搅匀后调味。

（3）加入调料和香料，最后加入蛋白调匀，送入冰箱冷藏备用。

【技术要点】

（1）鱼肉需要用绞肉机绞细。

（2）制作中，始终注意要多次冷藏，不能让鱼肉酱蓉温度过高，否则容易变质。

三、拍粉加工

拍粉加工是指西式烹调中，在原料表面沾匀面粉和面包粉，进行炸制或煎制的方法。这是为了使原料表面增加香脆的外皮，增加风味。通常拍粉加工的流程是将原料分别沾面粉、沾匀鸡蛋液、再沾面包粉的过程，被俗称为"过三关"。

"过三关"拍粉前，原料要注意先用盐和胡椒粉调味。

"过三关"的面粉可以用淀粉代替，鸡蛋液中可以加入少量牛奶增加香味。通常习惯 2 个鸡蛋中加入 60 毫升牛奶。

面包粉可以选择干制的或者新鲜的。干制的面包粉制作的拍粉炸制菜肴口感更香脆，用新鲜的面包制作成大颗粒的拍粉，炸制的效果外观更蓬松。目前市场上还流行使用金黄色的日式面包粉，炸制的口感和外形更加突出。

此外，还可以用各种其他的原料代替面包粉制作，带来不同的风味口感，如将原料沾匀面粉，沾上蛋液后，再沾各种干果碎，如花生碎、松子、杏仁碎、椰丝、土豆丝、香料、蒜蓉酱、香草碎等，增加风味。

在"过三关"加工中，应该注意操作流程的干净、有序和流程化制作，注意最后沾匀面包粉的原料，在没有立刻使用，需要放置备用时，应该放在不锈钢的搁物架上，而不能全部重叠在一起放置，否则会使面包粉吸水变软，影响炸制效果。若的确需要重叠放置，可以在中间垫上油性纸备用。

四、原料的成熟度

　　西式烹调师要学会准确控制菜肴的烹制火候，尤其是煎、扒、烤制菜肴的成熟度，这是一个重要的基本技能。控制原料成熟度，除了常用的测温计以外，还需要掌握根据经验来判断的方法，简单总结为"望、闻、问、切"。

1. 望

　　这里的"望"即看，是指观察原料烹制中的变化状态。以牛肉的煎扒为例，牛扒在煎制过程中，牛肉内部和外表的颜色都会因为受热发生变化。在煎制中，根据牛扒表面色泽变化控制翻面的时机和煎制的时间。当牛肉表面开始逐渐湿润出汁时，就可以翻面了；而对于较薄的牛扒来说，若牛扒表面边缘的颜色开始变色时，则应该准备翻面了。

2. 闻

　　"闻"就是在烹制中，用闻的方法感知煎制的火候和香味。当原料煎制时间越长，接近成熟时，散发出的香味就越浓。以铁扒和焗烤牛肉为例，在牛肉接近成熟时，会散发出浓厚的烟熏风味和焦香味等，这时就要注意翻面或离火了。

3. 问

　　这里的"问"，是指测试原料的中心温度和质感变化，通常不同的原料，在成熟过程中，中心温度变化有所不同。对于大多数的肉类、鱼类或禽类原料，在烹制中达到一定的温度范围，就可以结束烹制，离火保温备用，以免过度加热，损失肉汁和质感。

　　原料在离火保温的过程中，内部的温度还在一直持续保持加热的状态，所以任何原料在离火后，都有一个后熟的过程。熟悉和准确运用后熟过程，是控制原料火候的关键。

　　例如，通常五成熟的牛扒，在烹制时，可以将牛扒煎制成三成熟，通过后期沥汁和保温后熟，控制成熟火候到五成熟；若牛扒直接煎制到五成熟，在后期保温沥汁过程中，原料可能会过熟从而影响成菜的品质。

4. 切

　　"切"是指手指触摸法，即用手指直接触摸原料表面，感知肉的硬度和弹性，从而鉴别成熟度的方法，这是西餐中常用的方法。通常可以通过指压原料表面，感知中心和边缘的硬度和弹性，来控制成熟度。

　　西餐煎、铁扒、焗烤、焖制牛肉菜肴的成熟度（彩表），以牛扒为例，一般表示为：
　　（1）极生（英文 extra rare 或 very rare；法文 cru）
　　内部全生的牛肉，只是牛肉刚开始煎制，牛扒处于全生状态。此时牛扒外表略微定

型，但内部中心 100% 呈现生肉红色。

（2）一成熟（英文 rare；法文 bleu）

牛肉开始煎制，用手指指压，牛扒中心和边缘是柔软状态。此时牛扒外表定型，但内部中心 75% 呈现肉红色。

（3）三成熟（英文 medium rare；法文 saignant）

当牛扒边缘开始有弹性，中心是柔软状态，一般牛扒就是三成熟。此时牛扒外表定型，但内部开始成熟，肉汁丰富，切开断面能看见内部中心 50% 呈现肉红色，周围肉色呈现粉红色。

（4）五成熟（英文 medium；法文 à point）

当牛扒边缘开始有硬度，中心是柔软有弹性的状态，一般牛扒就是五成熟。此时牛扒外表上色，但内部肉汁丰富，切开断面的内部中心 25% 呈现粉红色。

（5）七成熟（英文 medium well；法文 cuit）

当牛扒边缘发硬，中心是有弹性的状态，一般牛扒就是七成熟。此时牛扒外表呈棕褐色，内部有浅红色肉汁，切开断面的中心无生肉，内部中心带少许粉红色，周围肉色呈灰白色。

（6）全熟（英文 well done；法文 bien cuit）

当牛扒中心是发硬的状态，一般牛扒就是全熟，此时牛扒外表发干呈棕褐色，边缘棱角分明，内部无肉汁，切开断面肉色呈现灰白色。

全生的还可以表达为，英文 raw；法文 cru。焦煳的可以表达为，英文 overcooked；法文 cramé。

还可以采用手掌指压法来鉴别牛肉的成熟度。在鉴定时，用大拇指和其他手指的指端相互配合来感知硬度，从而相对应地比较牛排及肉类的硬度和弹性，以判断不同的成熟程度，如彩图 30 所示。

第三节　西式烹调方法与实训

西式烹调方法通常习惯分为：干热加热法（dry-heat methods）、湿热加热法（moist-heat methods）和混合加热法（combination of both dry and moist heat）三大类型。干热加热法又分为两种类型：以油为传热介质的干热加热法和以空气为传热介质（无油）的干热加热法。

烹调方法与实训

以油为传热介质的干热加热法有煎（sautéing）、吉利煎（pan frying）、炒（stir frying）、炸（deep frying）；以空气为传热介质（无油）的干热加热法有：铁扒（grilling）、焗烤（broiling）、暗火烤（roasting）、焙烤（baking）、罐焖（poêléing）等。

湿热加热法有氽煮（deep poaching）、炖（simmering）、沸水煮（boiling）、纸包法（cooking en papillote）、蒸（steaming）等。

混合加热法有焖（braising）、烩（stewing）等。

通常，不同特性和不同部位的原料，适合的烹调方法各不相同。例如，肉质较嫩而加工成小份的肉扒，就适合煎扒类的干热加热法；肉质较嫩的大型或整形原料适合烤制的干热加热法；而肉质较老的肉类则比较适合于湿热加热法和混合加热法。

一、以油为传热介质的干热加热法

（一）煎

1. 定义

西餐烹调方式
与应用——油为
介质

煎是西餐常用的烹调方法，指把加工成形的原料，经调味后，在中火或大火上，用少量油迅速加热至规定火候的烹调方法。西餐煎制方法分为清煎和拍粉煎两种类型。

（1）清煎（simple sautéing）是指原料经过加工、调味腌制后，直接放在锅中或平扒炉上加少量油煎制的方法，通常适用于红肉等肉类原料和各种蔬菜原料，如牛肉、羊肉、野味和各种蔬菜等。

（2）拍粉煎（sautéing à la meunière）也被称为磨坊主妇式煎，是指原料经过加工、调味腌制后，先在表面沾匀一层面粉，再放在锅中或平扒炉上用少量油煎制的方法，通常适用于质地细嫩的白肉类原料，如小牛肉、猪肉、禽类、鱼类等。

2. 特点

西餐煎制菜肴具有制作快捷，主料外表呈棕褐色或金黄色，外干香、内鲜嫩，少司风味浓厚的特点。

西餐煎制菜肴在成菜时配的少司通常是由煎制时留下的原汁制作而成，保证了原汁原味的风味。

3. 工艺流程

选料→加工成形→主料煎制→沥汁保温、静置休息→少司制作→配菜加工→装盘成菜。

【原料】（成品4人份）净肉扒（牛扒、鸡扒、鱼扒等）4份（150～200克/份），各种调味蔬菜（胡萝卜、洋葱、西芹、韭葱、大蒜等）适量，各种香草香料（香叶、百里香、法香、迷迭香等）适量，酒汁120毫升，基础汤250毫升，油、盐和胡椒粉适量。

【设备器具】不锈钢份数盆、厚底煎锅或平扒炉、西餐刀、肉夹或煎铲、砧板、电子秤、量杯、细孔滤网、汁勺、蛋抽、肉用温度计等。

【制作方法】

（1）选料。选择适合的新鲜主料、配菜、香草和调料。

（2）加工成形。将肉扒整理加工成形，加各种香草香料，撒盐和胡椒粉腌制备用。

① 肉扒初加工时，应该剔尽肉中的软骨、表面的筋络和肥油，整理成形。

② 肉扒烹制前加调味料腌制。

③ 煎制浅色肉类原料时，可以使用拍粉煎的方法，如白肉类、禽类和鱼类肉扒等。

在煎制前给肉扒沾上一层面粉后再煎制，使肉扒表面形成一层浅黄色的脆皮硬壳，既可以增加肉扒的风味，又可以防止肉扒粘锅，便于烹制。

④ 西餐煎制时，需要根据锅具不同，选择不同的煎制方法。若使用不粘锅煎制时，锅中可以不加油或少加油煎制，制作方便；若使用厚底煎锅、煎盘或平扒炉煎制时，则需要提前炙锅，干净的煎锅加热至温度较高时，加入少量植物油铺匀锅底，防止粘连。

（3）主料煎制。根据原料种类和不同形状，控制煎制火候：中火热油煎制，或大火温油煎制。

① 对于红肉类和形状较薄的肉扒，通常用大火温油煎制，使肉扒迅速煎至两面定型、表面呈棕褐色时，控制好所需的成熟度，保温备用。

② 对于白肉类和形状较厚的肉扒，通常用中火热油煎制，使肉扒迅速煎至两面定型、表面呈金黄色时，降低火力，控制好所需的成熟度，保温备用。

③ 煎制时，通常将肉扒成形较好、用于装盘的一面先放入热油中煎制，待一面呈棕褐色或金黄色时，翻面煎至所需的成熟度。

④ 煎制大块的肉类主料时，不宜频繁地翻动，否则主料表面不易煎香、上色；而对于如虾类、小块肉类或蔬菜类原料煎制时，可以快速翻动煎制，以免过火焦糊。

⑤ 煎制肉类主料时，可以根据批量多少和大小形状厚度的不同，将肉类主料先在明火炉上煎定型，再批量放于煎盘中或烤盘内，一同送入烤箱内烤制。

⑥ 根据肉类的品种和食客的要求，控制煎制成熟度和火候。通常可以使用肉用温度计来判别肉类的煎制成熟度。

用于煎制的肉类原料因为大小、形状各不相同，所以烹制后的成熟度鉴别需要更加专业的方法。通常使用肉用温度计来测试肉类原料的中心温度，以此鉴别肉类原料烹制的成熟度。在操作时，将肉用温度计插入肉类原料切口的一侧，温度计尖端朝向肉类原料中心，不要碰到骨头或脂肪。当温度计的显示温度比预期温度低3℃时，即刻将煎制的肉类原料从火上移开，再使肉类原料保温、静置，而在静置的过程中，肉类原料的中心温度还将继续升高，注意控制所预期的温度值。

（4）沥汁保温、静置。沥汁保温是西餐煎制方法中增加风味的关键技巧之一。原料在经过煎制后，表层的肉汁消耗殆尽，剩余的肉汁大部分集中在内部中心。通过一定时间的沥汁保温，可使肉汁在原料内重新分布，同时还有一个后熟过程，便于形成融合的质感，增加风味。通常沥汁保温时间为3~5分钟。

（5）少司制作。肉类主料煎制完成后，取出保温，再倒出煎锅中多余的油脂，加入适量的调味蔬菜炒香，加入酒汁或汤汁，浓缩锅底的酱汁，制作少司。

① 肉类主料在煎锅中煎制时，可能会留下粘锅的肉酱汁，可以加入葡萄酒或基础汤来煮溶这些酱汁，起到增香浓味，保持原汁原味的作用。

② 在酒汁浓缩至将干时，加入基础汤或奶油，用小火慢煮出味，最后用淀粉汁或油面酱煮稠。

③ 将少司过滤，根据成菜要求加入香草增香，再加入盐和胡椒粉调味，成细腻、光亮的少司。

④ 在上菜前，少司中可以加入少许黄油搅化，以增加风味和浓度。

⑤ 可以将已经煎好的肉类主料放入少司中，沾匀酱汁。

（6）配菜加工。制作各种蔬菜或米面类配菜，调味保温备用。

（7）装盘成菜。

① 装盘时，可以将少司先淋在盘底，再放上肉类主料和配菜；也可以将少司淋在原料四周，起到装饰和点缀的作用。

② 西餐煎制菜肴，需要达到色、香、味、形、质俱佳的效果。人们常说 "no colour, no flavour"。若肉扒表面颜色过浅，则预示煎制时，油温过低或火候不足，香味不够。通常红肉类主料煎制的成品要求表面呈棕褐色；白肉类主料如小牛肉、猪肉、禽类等煎制的成品要求表面呈金黄色；白肉的鱼类煎制时成品要求呈浅黄色；红肉的鱼类如三文鱼和金枪鱼等煎制时，成品要求呈深褐色。

③ 西餐煎制菜肴的质感要求外干香、内鲜嫩，若煎制后的菜肴外表棱角分明，表面发干，说明原料被煎制过火，质感太硬，缺乏风味。可能是因为煎制时间过长，或者提前煎制的时间过久，保温时间过长等原因造成的，需要调整火候。

4．技术要点

（1）西餐煎与炒的烹调方法近似，它们之间最主要的差别在于主料的刀工成形、烹制方式和成菜装盘等，如表 6-1 所示。

表 6-1　煎与炒的区别

项目	煎	炒
原料成形	原料多为大的薄片或厚度适中的块状，易于成熟	原料通常为小块状，便于成熟，如丝、小丁、小片、小条、小块等
烹制设备	使用厚底煎锅或平扒炉	使用大煎锅或圆形薄底的大炒锅
烹制油量	烹制中，加少量油煎制	烹制中，加少量油炒制
主料烹制	主料煎制时，需要定时翻面，先将两面煎香、上色，再根据需要放入烤箱中加热至规定成熟度，取出保温备用	主料放入热油中快速炒制，翻动迅速，至主料散籽、发白，相互不粘连时，放入配料一同炒制
配料烹制	配料单独烹制，调味保温备用	配料与主料一同炒制，至断生成熟
少司制作	在煎制过主料的煎锅内，放入酒或汤汁浓缩锅底的酱汁，煮稠后加入调味料调味，制成少司	加入调味芡汁，快速加热增稠，至芡汁浓稠，均匀地沾裹在原料上
成菜方式	根据菜肴需要，将煎好的主料放入少司中加热，沾匀酱汁入味后，与配料和少司一同装盘成菜	将炒匀的菜肴装盘即成

（2）用于煎制的肉类主料，在加工过程中，可以去除外皮和骨头，用肉锤拍打均匀，将肉扒内的筋络锤松散，使成熟火候一致。

（3）在煎制肉扒时，可以在锅内的底油中，加入鲜百里香、鲜迷迭香和压碎的蒜瓣，然后将煎出香味的油脂淋在肉扒上增香，再用肉夹或煎铲翻动原料，以便受热均匀。

（4）煎好的肉扒不要立刻上菜，通常需要放在肉架上沥汁保温，再装盘成菜。

（5）西餐煎制菜肴的少司变化多样，可根据主料选用不同的少司。各种基础少司都可用于制作西餐少司，如烧汁、番茄汁、白色浓汁和白汁等。

5. 适用范围

煎制的方法适用范围广泛，可选用质地细嫩的原料，如牛肉、小牛肉、小羊肉、猪肉、禽类、鱼类和各种蔬菜等。

6. 菜肴示例

猎户扒鸡（sautéed chicken in hunter sauce）

【原料】（成品 4 人份）净鸡肉 4 份（150～200 克／份），面粉 120 克，黄油 80 克，蘑菇 260 克，红葱 120 克，白兰地 120 毫升，干白葡萄酒 240 毫升，西班牙少司 400 毫升，香叶芹 40 克，龙蒿 40 克，时鲜蔬菜、盐和胡椒粉适量。

【设备器具】砧板、不锈钢方盘、不锈钢份数盆、少司汁盅、吸水纸、细孔滤网、盛菜菜盘、煎铲、木搅板、蛋抽、平底煎锅、厚底少司锅、烤箱等。

【制作方法】

（1）将鸡肉切成鸡扒，撒匀盐和胡椒粉，沾匀面粉；将红葱、龙蒿和香叶芹切碎；蘑菇切成厚片。

（2）煎锅置于旺火上烧热，放入鸡扒煎至两面定型、上色后，转小火煎熟，取出保温备用。

（3）煎锅中加蘑菇和红葱炒香，倒入白兰地点燃，加干白葡萄酒煮干，倒入西班牙少司煮沸，转小火煮稠。上菜前加香叶芹碎和龙蒿碎调味，成猎户少司。

（4）鸡肉装盘淋汁，配时鲜蔬菜即成。

【技术要点】

（1）鸡扒煎制前撒盐和胡椒粉、沾匀面粉，保证成品外香脆内鲜嫩。

（2）用旺火热油煎制鸡扒，定型后可以送入烤箱，烤熟后取出。

【质量标准】色泽棕黄，鸡扒外香脆、内鲜嫩，汁浓味鲜香。

【酒水搭配】适宜搭配各种浓郁香型的红葡萄酒和白葡萄酒。

（二）吉利煎

1. 定义

吉利煎也可以称为盘煎，是西餐常用的烹调方法，指将加工好的原料，经腌制调味后，在原料表面分别沾上面粉、鸡蛋液和面包粉及香料等或者沾上调匀的调味面糊，再放入大煎锅中，用中等油量的热油煎至成熟的烹调方法。

2. 特点

吉利煎的菜肴具有色泽金黄、外酥香内鲜嫩的特点。上菜时，成品表面可以刷少量热的清黄油以增香浓味。

西餐中吉利煎和煎很类似，主要区别如表 6-2 所示。

表 6-2　煎和吉利煎的区别

项目	煎	吉利煎
烹制设备	使用厚底煎锅或平扒炉均可	使用厚底大煎盘或大煎锅
烹制油量	加少量油煎制	加中等油量煎制，油量淹没原料的 1/2 或 2/3
成菜特点	色泽金黄或棕褐色，外干香内鲜嫩	色泽金黄，外酥香内鲜嫩
少司制作	在煎过主料的煎锅内，放入酒或汤汁浓缩锅底的酱汁，煮稠后加调味制成少司	单独独立制作

3．工艺流程

选料→加工成形→"过三关"→主料煎制→少司制作→配菜加工→装盘成菜。

【原料】（成品 4 人份）去骨的净肉扒（牛扒、鸡扒、鱼扒等）4 份（150～200 克/份），面粉、鸡蛋液和面包粉等适量，各种香草、香料（香叶、百里香、法香、迷迭香等）适量，少司 350 毫升，中等油量的油脂、盐和胡椒粉适量。

【设备器具】不锈钢份数盆、不锈钢托盘、厚底大煎盘或大煎锅、吸水纸、西餐刀、肉夹或煎铲、肉锤、砧板、电子秤、量杯、细孔滤网、汁勺、蛋抽等。

【制作方法】

（1）选料。选择适合的新鲜主料、配菜、香草和调料。

（2）加工成形。将肉扒整理加工成形，切成大的薄片，加各种香草、香料，撒盐和胡椒粉腌制备用。

① 肉扒初加工时，应该去除外皮，剔除筋络、肥油和软骨，切成一人份的大片，用肉锤拍打成大的薄片，整理成形，以便快速成熟。

② 将肉扒用吸水纸擦干水分，以避免表面面粉或面包粉吸水受潮，在煎制中溅出热油，造成事故。

③ 肉扒在沾面粉前加调味料腌制。

（3）"过三关"。将面粉、鸡蛋液和面包粉分别装入三个不锈钢托盘中，从左到右依次摆好，再将肉扒依次沾匀面粉、沾匀蛋液、沾匀面包粉后，用刀背压出网格形备用。

① 鸡蛋液中可以加入适量牛奶或奶油增香，加盐、胡椒粉调味。

② 肉扒沾匀面粉和面包粉后，抖去多余的面粉或面包粉，以免煎制时油中掉落过多残渣，影响品质。

③ "过三关"的沾蛋液和拍粉工序不宜过早，避免肉扒表面的面粉吸水受潮，影响煎制效果，通常在煎制前 30 分钟时制作为佳。

（4）主料煎制。将大煎盘放于中火上，加油烧热。将肉扒的网格面向下放入油中煎制。待网格面煎香、酥脆、金黄色时，翻面继续煎制。至成熟时取出，保温备用。

① 吉利煎时油量较多，以淹没原料的 1/2 或 2/3 为佳。

② 注意控制煎制火候，以中火热油煎制效果最佳。在准备煎制时，若油面开始起油烟了，则油温偏高，应该将锅离火降温后，再放入煎制。

③ 若煎制时，油量较少，不足以淹没原料的 1/2 或 2/3，则煎制的上色效果差，不均匀，酥香度也不足，容易粘锅和碎裂。

④ 在煎制一定数量的肉扒后，锅底的油脂中会留有较多的面包渣，应控油去除这些容易焦煳的面包渣，再次加新油煎制。

⑤ 对于吉利煎制的菜肴，通常只需要翻面一次煎制即可，否则容易使表面的面包粉焦煳。

⑥ 准确控制吉利煎菜肴的火候，要求成品外观呈金黄色，外酥香内鲜嫩。通常根据肉扒的大小和厚度控制煎制的火力大小、时间长短和油温高低。

⑦ 一般肉扒越薄、煎制时间越短，成菜越快；若肉扒越厚，煎制时间越长，越不容易熟透，尤其是有些肉扒中间还酿有馅心的菜肴煎制时，通常先用热油将两面煎香、定型，呈浅黄色，再送入烤箱中，烤制成熟。

⑧ 在烤箱内烤制时，注意肉扒不能加盖密封，否则容易产生水蒸气，使表面受潮湿润，影响香酥的口感。

⑨ 煎制好的肉扒应放于吸水纸上沥油，再立刻趁热上菜，不能长时间放置，否则会影响酥脆的口感。若暂时不能上菜，可以放在干燥的环境中，保温备用。

（5）少司制作。根据成菜要求，制作少司，保温备用。

（6）配菜加工。根据成菜要求，制作配菜，保温备用。

（7）装盘成菜。将肉扒主料、配菜和少司装盘，趁热上菜即成。

4. 技术要点

（1）西餐吉利煎与拍粉煎的烹调方法近似，它们之间最主要的异同如表 6-3 所示。

表 6-3　吉利煎与拍粉煎区别

项目	吉利煎	拍粉煎
原料成形	原料多为大的薄片，易于成熟	原料多为大的薄片，易于成熟
烹制设备	使用大的厚底煎盘或厚底煎锅	使用厚底煎盘或厚底煎锅
烹制油量	烹制中，加中等油量的油脂煎制，油量淹没肉扒的 1/2 或 2/3	烹制中，加少量油煎制，肉扒主要靠煎锅传热煎制
主料烹制	① 主料煎制前，通常需要过三关沾匀面粉、蛋液和面包粉或者沾匀调味面糊煎制。 ② 需要定时翻面，先将两面煎香、上色，再根据需要放入烤箱中加热至成熟，取出快速上菜或保温备用	① 主料煎制前，通常需要沾匀面粉后煎制。 ② 需要定时翻面，先将两面煎香、上色，再根据需要放入烤箱中加热至规定成熟度，取出保温备用
配料烹制	配料单独烹制，调味保温备用	配料单独烹制，调味保温备用
少司制作	单独制作少司	在煎制过主料的煎锅内，放入酒或汤汁浓缩锅底的酱汁，煮稠后加入调味料调味，制成少司
成菜方式	快速将肉扒主料、配菜和少司一同装盘成菜	根据菜肴需要，将煎好的主料放入少司中加热，沾匀酱汁入味后，与配料和少司一同装盘成菜

（2）使用吉利煎方法时，面包粉中可以加入不同的香草、香料或芝士等，制成不同风味的吉利煎菜肴，形式多样。

（3）吉利煎的菜肴，肉扒煎制前沾裹的配料除了常用的面粉、蛋液和面包粉以外，还可以把面包粉换成各种特色风味炸料，如日式面包粉、花生粒、腰果粒、杏仁粒、熟芝麻、芝士碎等；还可以用调匀的鸡蛋液面糊或鸡蛋液淀粉糊等来沾裹肉扒后煎制，变化多样。

5. 适用范围

吉利煎适用于肉质鲜嫩的原料，如①海鱼类：龙利鱼、欧洲产的黄盖鲽、菱鲆鱼、牙鳕鱼、火鱼、鳐鱼、鲜鳕鱼、梭鲈鱼、三文鱼等；②禽、肉类原料：各种大的薄肉片、圆形肉扒、带骨小牛排等。

6. 菜肴示例

金牌鸡胸吉列（chicken cordon bleu）

【原料】（成品 4 人份）鸡胸肉 4 份（150～200 克 / 份），芝士片 80 克，生火腿片 80 克，面粉 80 克，鸡蛋 120 克，面包粉 150 克，红葱 40 克，干红葡萄酒 100 毫升，西班牙少司 300 毫升，植物油 80 毫升，黄油 80 克，时令蔬菜、盐和胡椒粉适量。

【设备器具】砧板、不锈钢方盘、不锈钢份数盆、少司汁盅、吸水纸、细孔滤网、盛菜菜盘、煎铲、木搅板、肉锤、蛋抽、平底煎锅、厚底少司锅、烤箱等。

【制作方法】

（1）鸡蛋打散，加花生油 5 毫升、盐和胡椒粉搅匀。将鸡胸肉拍扁，从侧面进刀切成口袋形，依次放入火腿片、芝士片和火腿片，定型后分别沾面粉、沾蛋液和沾面包粉，压紧后在表面压出交叉网纹。

（2）煎锅置于中火上，加油烧热，放入鸡扒，煎至两面金黄色时，送入 180℃的烤箱内烤熟，取出保温备用。

（3）厚底少司锅中加黄油烧化，放入红葱炒香，加干红葡萄酒煮干，加西班牙少司煮稠，加盐和胡椒粉调味，成少司。

（4）装盘淋汁，配时令蔬菜即成。

【技术要点】

（1）煎制时油温不宜过高，也可用 150℃的热油炸制，以鸡扒中的芝士刚好熔化为佳。

（2）鸡扒通常已经过事先调味，所以配菜的少司比较灵活，也可以用鞑靼少司、千岛少司等代替红酒汁搭配。

【质量标准】色泽金黄，外酥内嫩，芝士味香浓，口感丰富。

【酒水搭配】适宜搭配各种浓郁香型的红葡萄酒和白葡萄酒。

（三）炒

1. 定义

炒是亚洲菜肴中常用的烹调方法，是指把各种鲜嫩的原料加工成小块形状，经腌制调味后，直接用少量油，以旺火、热锅、热油快速加热、调味成菜的烹调方法。

2. 特点

炒制菜肴的质感多为滑、鲜、嫩、脆。

炒与西餐的煎比较类似，都是用少量油快速烹制原料。不同的是，煎制的原料形状通常要大一些，而炒制的原料形状要小而均匀；煎制时，原料翻动不频繁，而炒制时需要频繁地翻动原料，使受热均匀；煎制的肉类主料、蔬菜配料和少司通常是独立制作，而炒制菜肴的主料、蔬菜和芡汁通常混合一起烹调成菜。

3. 工艺流程

选料→加工成形→配菜→炒制→调味→装盘成菜。

【原料】（成品4人份）去骨肉类或蔬菜100克×4，面粉或淀粉等适量，各种香草香料（香叶、百里香、法香、迷迭香等）适量，少司100毫升，油脂少量，盐和胡椒粉适量。

【设备器具】不锈钢份数盆、薄底圆形炒锅或平底煎锅、西餐刀、木制炒勺或不锈钢炒勺、砧板、电子秤、量杯、汁勺、蛋抽等。

【制作方法】

（1）选料。炒制方法的原料选择范围很广，如各种肉类、禽类、鱼类、蔬菜等均可。通常以质嫩、易熟的原料为佳。

（2）加工成形。因为炒制方法烹制迅速，为便于快速成熟和火候一致，需要将炒制的原料精细加工，去除外皮、软骨和筋络等，再切配成统一整齐的小块形状，如丝、丁、片、块、条等，以备烹制。

（3）配菜。因为"炒"是采用混合加热的方式，所以肉类主料的质感与蔬菜配菜的质感要相匹配。若肉类主料成菜口感是以干香为主，而选用菜心、蘑菇等水分较多的蔬菜一同炒制，则干香的主料会在炒制中大量吸水而变得绵软，影响整体成菜的风味。

（4）炒制。将肉类主料腌制调味后，沥干水分，再放入热油中，用旺火快速翻动炒制。

① 高温炙锅，以防原料粘锅。炒制的锅具通常不是不粘锅，所以在加油炒制前，需要先将干净的锅具用旺火烧烫，再加入冷油铺匀锅底，以防止炒制时原料粘锅。

② 根据原料的数量、火力大小来控制炒制火候。若原料量多，可以用旺火、热锅、冷油的办法炒制，这样即使原料加入油中，温度降低后，也能迅速升温，炒制均匀；若用旺火、热锅和热油炒制，则容易因为油温过高，原料下锅后，没有来得及炒散，就过度受热，影响火候。

③ 炒制时要快速翻动，注意炒制手法和火候控制。通常在肉类主料炒制到发白、相互不粘连时，加入蔬菜配菜炒制。一般质地较硬的蔬菜先炒，质地较软的蔬菜后炒，以保证最后成菜时，所有原料火候均匀。

（5）调味。

① 炒制通常用勾芡的办法进行调味。

② 芡汁通常可以事先将各种调味料混匀成酱汁，再倒入菜肴中加热浓缩，煮稠即

成，如各种酒类、酱油、肉汤、香草、淀粉、盐和胡椒粉等。也可以在炒制中，分别加入这些调味料，进行调味。

③芡汁加入后，快速煮稠，即可翻动均匀，出锅装盘。

（6）装盘成菜。将炒匀的菜肴趁热装盘，上菜即成。

4．技术要点

（1）选料严谨，加工精细。如动物原料以无筋质嫩，品质较好的为佳；植物原料以新鲜、鲜嫩的部位为佳。

（2）炒制菜肴需要严格控制成菜的火候和品质标准。菜肴质感需要刚熟，不能有未熟、未断生的原料，需要色、香、味、形、质俱佳。

5．适用范围

炒制与煎制的原料范围一致，适用范围广泛，通常用于各种质地细嫩的原料，如牛肉、小牛肉、小羊肉、猪肉、禽类、鱼类和各种蔬菜原料等。

6．菜肴示例

俄式炒牛柳（beef stroganoff）

【原料】（成品4人份）牛腰柳肉600克，淀粉15克，橄榄油80克，蘑菇150克，洋葱100克，大蒜碎30克，干白葡萄酒100毫升，面粉20克，匈牙利甜红椒粉10克，番茄酱20克，牛肉汤150毫升，莳萝1克，龙蒿1克，伍斯特郡辣酱油5克，酸奶油50毫升，芥末酱10克，法香碎5克，盐、胡椒粉、熟米饭或意大利面适量。

【设备器具】砧板、不锈钢方盘、不锈钢份数盆、吸水纸、细孔滤网、盛菜菜盘、煎铲、木搅板、平底煎锅或炒锅等。

【制作方法】

（1）将牛柳切成8厘米长、1厘米粗的条，加淀粉、伍斯特郡辣酱油和少许牛肉汤调匀备用。蘑菇切成片。洋葱切丝。芥末酱加少许牛肉汤稀释。

（2）煎锅中加油烧热，放入牛肉条炒至散开、发白时取出。

（3）煎锅中放入洋葱丝炒香，加蘑菇片和大蒜碎炒匀，倒入干白葡萄酒煮干，加面粉、红椒粉和番茄酱炒匀，再倒入牛肉汤煮稠，加莳萝、龙蒿、盐和胡椒粉调味，放入牛肉条炒匀，离火加酸奶油和芥末酱拌匀即可。

（4）盘中放入煮熟的白米饭或意大利面，配炒香的牛柳，撒法香碎即成。

【技术要点】

（1）选用牛腰柳肉，以保证鲜嫩的质感。

（2）可以用不粘锅、炒锅或平底大煎锅来制作。

（3）炒制前，要充分炙锅，以避免粘锅。

（4）炒制时，速度要快，牛肉条要求刀工成形均匀一致，以保证成菜火候均匀。

（5）调味时，也可以不加番茄酱，风味清爽。

【质量标准】牛肉鲜嫩，酱汁咸鲜酸香，芥末香味浓厚，开胃不腻。

【酒水搭配】适宜搭配各种浓郁香型的红葡萄酒和白葡萄酒。

（四）炸

1. 定义

西餐炸制方法与煎制方法类似，根据原料炸制前加工方式不同分为清炸和脆炸两种类型。

清炸是指将加工后的原料，直接放入较多油量的热油锅中进行加热烹调，至成熟后调味成菜的烹调方法。如法式炸薯条、脆炸罗勒叶、香炸胡萝卜丝等。

脆炸是指将加工后的原料，经腌制调味后，沾裹上特制的炸浆或炸粉，放入较多油量的热油锅中加热烹调，至成熟后调味成菜的烹调方法，如脆炸洋葱圈、天妇罗炸大虾等。

2. 特点

西餐脆炸的菜肴具有色泽金黄或棕褐。外酥内嫩的特点。根据炸制前，原料沾裹的不同类型炸浆，将脆炸分为常见的四种类型：

（1）拍粉炸。在加工腌制后的原料表面直接沾上一层面粉或淀粉或专用炸粉，入热油中炸制的方法。成品具有外香脆、内鲜嫩的特点。

（2）挂糊炸。在加工腌制后的原料表面沾裹上较稠的糊状炸浆，入热油中炸制的方法。成品具有外香脆松泡、内松软细嫩的特点。

（3）吉利炸。在加工腌制后的原料表面分别沾上面粉、沾鸡蛋液和沾面包粉，入热油中炸制的方法。成品具有外酥香、内鲜嫩的特点。

（4）卷炸。将加工腌制后的原料，用特制的卷皮包裹制成卷后，入热油中炸制的方法。成品具有外香脆、内鲜嫩的特点。

3. 工艺流程

选料→加工成形→拍粉、挂糊、卷制加工→炸制→装盘成菜。

【原料】（成品4人份）去骨的净肉扒（牛扒、鸡扒、鱼扒等）4份（150～200克/份），面粉、鸡蛋液和面包粉等适量或各种炸浆适量，各种香草香料（香叶、百里香、法香、迷迭香等）适量，少司350毫升，大油量的油脂，盐和胡椒粉适量。

【设备器具】不锈钢份数盆、不锈钢托盘、吸水纸、厚底少司锅、西餐刀、砧板、肉锤、电子秤、量杯、粗孔滤筛、肉夹、汁勺、蛋抽等。

【制作方法】

（1）选料。选择适合的新鲜主料、配菜、香草和调料。

（2）加工成形。将肉扒整理加工成形，切成均匀的片、块或条状，加各种香草香料，撒盐和胡椒粉腌制备用。

① 肉扒初加工时，应该去除外皮，剔除筋络、肥油和软骨。若是切成一人份的大片，可用肉锤拍打成大的薄片，以便加热时能够快速炸熟。

② 将肉类主料用吸水纸擦干水分，以避免表面的面粉或面包粉吸水受潮，在炸制中溅出热油，造成事故。

③ 肉扒在拍粉或沾裹炸浆前加调味料腌制。

④ 注意用于炸制的肉扒及各种蔬菜原料的刀工成形要一致，避免炸制的成熟度火候不均匀。

（3）拍粉、挂糊、卷制加工。将主料拍粉、挂糊或卷制加工成形。

① 通常吉利炸的菜肴，可以在炸制前30分钟完成沾裹蛋液和面粉的工序，放于冰箱中冷藏备用。

② 拍粉炸和挂糊炸的菜肴，通常应该在炸制前拍粉和挂糊，现制现用，效果最佳。

③ 卷炸的菜肴，可以在炸制前30分钟完成卷制工序，放于冰箱冷藏备用。

（4）炸制。炸制时，根据挂糊、拍粉的不同类型，控制好炸制的油温和火候。

① 用电炸炉或燃气炸炉时，准确设定炸制温度，通常为160～180℃。若没有炸炉，可以用大的厚底少司锅炸制，最好使用温度计测温以便判断火候。

② 若原料炸制时，油温偏低，则表面不容易快速定型、容易浸油，成品会很绵软、油腻，影响成菜品质。

③ 通常挂糊炸的原料，可以先沾匀面粉，再裹上面糊炸浆，用手指或肉夹拿住原料，小心地放入热油中炸制。因为炸浆中有较多空气，原料一般会漂浮在油面上，被称为"泳式浮炸"。

④ 在大批量制作挂糊炸的菜肴时，可以采用重油炸的方式，以节省时间、加快效率。通常炸2次，第一次炸至原料定型，呈浅黄色，保温备用；第二次在上菜前，再次重油炸制，至原料金黄色、酥香时即可。

⑤ 通常吉利炸的原料，可以在"过三关"沾匀面粉、蛋液和面包粉后，先摆放入炸篮内，再送入热油中炸制，被称为"炸篮式脆炸"。

⑥ 在炸制过程中，注意随时翻动原料，尤其是挂糊炸的原料，漂浮在油面上，容易受热不均，应随时翻动，使上色一致，均匀酥香。

⑦ 炸制好的原料，需要在充分沥油后，放入垫有吸水纸的不锈钢托盘内，沥出余油，此时可以撒盐和胡椒粉等调味料补充调味。

（5）装盘成菜。将炸好的原料放入热的菜盘中，配少司和配菜，上菜即成。

4. 技术要点

（1）炸制好的原料，在用炸篮取出沥油时，不要在炸炉上方撒盐和其他调味品调味，否则会影响炸油的风味。

（2）每次使用完炸炉后，应该彻底滤去炸炉中炸油内的残渣，清洁干净，保持卫生和安全。

（3）使用炸炉时，若炸制结束，或需要较长时间才再次炸制，应该关掉加热电源，避免炸油长时间加热空烧，既浪费能源，又不利于炸油的保存和使用。

（4）炸制时，要随时检查炸炉中炸油的清洁程度。若炸油使用次数过多，时间过长，则色泽偏深，炸制的成品带有一种油腻的异味，容易影响菜肴的品质。而且较脏的炸油在加热时，容易在较低的油温下开始起油烟和油沫，影响烹调师对油温的准确判断。

（5）若炸炉中的炸油颜色过深，加热时冒出大量的油沫，在油温较低时就起大量油烟，说明这个炸油的品质已经不佳了，必须更换。

5. 适用范围

西餐炸制方法适用范围广泛，如各种蔬菜、蛋类、香草、肉类和水产品等。

6. 菜肴示例

炸鸡肉球（deep fried chicken ball）

【原料】（成品4人份）鸡腿肉450克，猪膘肉50克，洋葱30克，土豆50克，鸡蛋120克，面粉100克，面包粉150克，牛奶30克，黄油20克，紫椰菜50克，柠檬1个，橄榄油5克，法香30克，白汁40克，盐和胡椒粉适量。

【设备器具】不锈钢份数盆、平底煎锅、厚底少司锅、炸炉、少司汁盅、西餐刀、砧板、电子秤、量杯、细孔滤网、汁勺、蛋抽等。

【制作方法】

（1）鸡腿肉去骨、调味，煎熟后切成小丁；猪膘肉煮熟后切碎；土豆煮软后，加牛奶、黄油、盐和胡椒粉调匀，制成土豆泥；洋葱切碎炒香；紫椰菜切丝加柠檬汁、橄榄油及盐、胡椒粉拌匀；白汁制作，保温备用。

（2）将鸡肉丁、猪膘肉碎、洋葱碎、土豆泥和白汁拌匀后调味，制成鸡肉球，分别沾面粉、蛋液和面包粉，"过三关"备用。

（3）上菜前，将鸡肉球放入热油炉中炸熟上色，配紫椰菜，柠檬片、法香装饰即成。

【技术要点】

（1）炸制肉球类原料时，因为沾了面包粉，不宜久炸，所以宜用制熟的原料加工，以保证炸制火候均匀。

（2）控制好炸制火候，通常适合现炸现用。

（3）配搭少司以鞑靼少司、千岛少司或番茄少司等为佳。

【质量标准】色泽金黄，外酥里嫩，口感丰富。

【酒水搭配】适宜搭配各种浓郁香型的白葡萄酒。

二、以空气为传热介质（无油）的干热加热法

以空气为传热介质的干热加热法是指原料在烹调加热的过程中，没有加水或汤汁作为传热介质，而是采用辐射直接传热或者环境中的热空气间接传热的加热烹制方式。在烹制中加入的少量油脂也只是增加原料成菜后的风味，没有传热介质的作用。

铁扒（grilling）和焗烤（broiling）是一对近似的快速烹调方法，主要适用于质地细嫩的小块原料；而暗火烤（roasting）和罐焖（poêléing）则是一对近似的长时间慢速烹制方法，主要适用于大型的肉类或整只的禽类、鱼类原料。

（一）铁扒

1. 定义

铁扒是将加工成形的原料，放在烧热的条形坑扒炉上，迅速扒成网状焦纹，并达到所需成熟度的烹调方法。

2. 特点

铁扒的传热方式是通过条形坑扒炉下方的热源辐射加热的，经过铁扒后的菜肴带有独特的烟熏味，表面呈整齐的网状焦纹，肉嫩、多汁，香味独特。

3. 工艺流程

选料→加工成形→主料腌制→配菜制作→预制坑扒炉→铁扒烹制→调味→装盘成菜。

【原料】（成品 4 人份）去骨的净肉扒（牛扒、鸡扒、鱼扒等）4 份（150～200 克 / 份），腌制调料或烧烤酱适量，各种香草香料（香叶、百里香、法香、迷迭香等）、配菜、少司、油脂、盐和胡椒粉适量。

【设备器具】不锈钢份数盆、不锈钢托盘、吸水纸、西餐刀、砧板、电子秤、量杯、网格烤架、肉夹、钢签（竹签）、油刷、钢丝刷、汁勺、坑扒炉等。

【制作方法】

（1）选料。选择适合的新鲜主料、配菜、香草和调料。

（2）加工成形。将肉扒整理加工成形，切成大小和厚度适中的厚片，加各种香草香料、撒盐和胡椒粉腌制备用。

① 肉扒初加工时，应该剔尽肉中的软骨、表面的筋络和肥油，整理成形。

② 将肉扒切成均匀的厚片或大块。

（3）主料腌制。

① 腌制料可以用橄榄油和各种香料、香草调制而成，也可以使用现成的烧烤酱腌制。

② 用于铁扒的肉扒和串烧等原料可以提前加腌制料拌匀，冷藏腌制备用。

③ 制作串烧肉柳时，可以将肉类主料切成均匀的块状或条状，腌制后，用串烧的钢签或竹签制作成肉串，冷藏备用。竹签在使用前，应该先在水中浸泡 20 分钟，以免在烧烤时被烤焦。

（4）配菜制作。制作各种蔬菜或米面类配菜，调味保温备用。

（5）预制坑扒炉。

① 将坑扒炉清洗干净，预热烧烫。

② 用钢丝刷和湿抹布清洁扒条上的杂质，再将扒条均匀地刷匀植物油，以防粘连。

③ 在准备扒制时，应该提前将腌制过的原料沥油，以避免多余的油脂滴到下方火中，引起明火燃烧，产生不良的风味。

④ 在扒制过程中，应该随时用钢丝刷和湿抹布清洁扒条，以避免粘连，产生不良口味。

（6）铁扒烹制。将腌制的肉扒等原料取出，沥汁后，依次按照"10点钟"和"2点钟"方向放于坑扒炉上，扒出网状焦纹，再翻面扒制。

① 选用肉扒成形最好的一面朝下，先放在热的坑扒炉上扒制，定型上色后，用肉夹抬起肉扒，转90°再次扒制，至出现交叉网状焦纹后翻面继续扒制。

② 根据原料的种类、菜肴标准及食客的要求来准确控制铁扒的火候。通常可以设想将坑扒炉分为一成熟区、三成熟区、五成熟区、七成熟区、全熟区。扒制中，根据要求和区域不同，控制原料的成熟度。

③ 通常较薄的肉扒和蔬菜等可以直接在坑扒炉上扒制到所需成熟度即可；若对于较厚的肉扒，在扒出网状焦纹后，可以送入烤箱内，完成最后成熟度的控制。

④ 通常红肉类原料扒制时，可以按照食客的要求，制作成一成熟、三成熟、五成熟、七成熟、全熟等不同类型的成熟度，如牛肉、羊肉类肉扒的烹制；而白肉类原料扒制时，则可以制作成七成熟，在切开肉层断面时，用手指可以压出带有一点红色的肉汁或接近透明的肉汁，但是切记不能过火，要保持嫩度，如小牛肉、鸡肉、猪肉等。

（7）调味。为铁扒的肉类单独制作少司。铁扒类菜肴通常以热的乳化黄油少司为最佳配搭酱汁，如班尼士少司、疏朗少司等，风味独特。

（8）装盘成菜。将铁扒好的原料放入热的菜盘中，配少司和配菜，上菜即成。

4. 技术要点

（1）清洗扒炉前，必须预热，否则不易洗净。

（2）刚扒制好的大块厚肉扒，表面较干，而内部的肉汁丰厚，应该先沥汁保温，待肉汁浸润后再装盘上菜；而小块薄肉扒做好后，内部肉汁不多，应略微保温，尽快上菜，以免肉汁浸出过多，损失风味。

5. 适用范围

铁扒适用范围广泛，以肉质鲜嫩的肉类、禽类、内脏类和水产品原料和鲜香的蔬菜原料为主。

6. 菜肴示例

铁扒鸡腿（grilled chicken thigh with devil sauce）

【原料】（成品4人份）仔鸡腿4份（150～200克/份），色拉油20毫升，芥末酱20克，面包粉100克，红葱碎20克，粗胡椒碎10克，干白葡萄酒40毫升，白酒醋20毫升，西班牙少司300毫升，香叶芹碎10克，龙蒿碎10克，黄油20克，蔬菜配料、盐和胡椒粉适量。

【设备器具】砧板、不锈钢方盘、不锈钢份数盆、少司汁盅、吸水纸、细孔滤网、盛菜菜盘、煎铲、木搅板、平底煎锅、厚底少司锅、坑扒炉、烤箱等。

【制作方法】

（1）将仔鸡腿去骨，整理成形，切成鸡扒备用。

（2）鸡扒刷色拉油，撒盐和胡椒粉，放于热坑扒炉上，扒出网状焦纹，送入 180℃ 的烤箱中，烤 15 分钟，熟后取出，保温备用。

（3）厚底少司锅中加红葱碎、粗胡椒碎、干白葡萄酒和白酒醋，煮干后加西班牙少司煮稠，加黄油搅化，保温备用。

（4）上菜前，鸡扒上抹匀芥末酱，铺满面包粉，再烤 5 分钟，至色泽金黄时取出。

（5）少司中加入香叶芹碎和龙蒿碎，淋汁装盘，装蔬菜配料即成。

【技术要点】

（1）控制火候，在面包粉金黄色、酥香时出炉，避免烤焦。

（2）香叶芹碎和龙蒿碎在淋汁前加入，以保持色泽和香味。

【质量标准】色泽金黄，鸡肉鲜香、细嫩，少司咸中带酸，芥末味香浓，风味独特。

【酒水搭配】适宜搭配各种浓郁香型的红葡萄酒。

（二）焗烤

1. 定义

焗烤又称为面火烤，简称为焗，是指把经过初加工和熟处理后的原料，放在面火焗炉中，通过上层面火加热，烹调成菜的方法。通常可以分为两种形式：芝士焗（gratin）和挂汁焗（glazing）。

芝士焗，是指把经过初加工和熟处理后的原料，放入焗盅内，淋上各种浓稠的少司，撒上芝士粉，放在面火焗炉中，用面火烤制上色、成菜的烹调方法。

挂汁焗是指把制作好的胶冻汁淋在原料表面，焗烤上色、增亮的烹调方法。

2. 特点

焗烤菜肴的表面呈金黄色或棕褐色，色形美观，香味浓厚，酱汁浓稠，风味独特。

3. 工艺流程

选料→加工成形→熟处理→调味→焗制→装盘成菜。

【原料】（成品 4 人份）主料 4 份（150～200 克/份），新鲜主料、配菜、香草、调料、浓汁少司、芝士粉、清黄油适量。

【设备器具】厚底少司锅、漏勺、不锈钢盆、焗盅、烤盘、面火焗炉、保温柜。

【制作方法】

（1）选料。选择适合的新鲜主料、配菜、香草和调料。

（2）加工成形。将原料切配成形。

（3）熟处理、调味。将切配好的原料加热烹制成熟，调味备用。

（4）焗制。焗盅内涂匀清黄油，放入制熟的原料，淋上浓汁少司，撒上芝士粉，送入高温的面火焗炉中。烤至芝士熔化，成金黄色酥皮时即可。

（5）装盘成菜。将焗烤上色的菜肴趁热上菜即成。

4. 技术要点

（1）由于面火焗炉是开放式的加热环境，焗烤时只能利用面火火源对原料的表层进行局部加热，因此通常用于焗烤的原料需要事先烹制成熟，以便控制火候。

（2）焗盅或盛装菜肴的盛器底部要涂抹适量油脂，以防止原料和盘底粘连。

（3）焗烤前，应将原料用浓汁少司完全盖满，再撒上芝士碎，以起到保温和均匀上色的作用。

（4）焗烤时温度较高，应将盘边的酱汁或杂质擦洗干净，避免酱汁或杂质被烤焦糊，影响美观。

（5）用于焗烤的浓汁少司通常以白汁少司或毛恩内少司为多。

（6）焗烤还可以作为西餐餐具或菜肴临时保温的方法，被广泛应用。

5. 适用范围

焗烤的适用范围很广，通常应用于各种质地鲜嫩的白肉类原料和各种鲜嫩蔬菜，如鱼类、虾蟹类、贝类、土豆类等。

6. 菜肴示例

焗土豆肉饼（potato and ground beef gratin）

【原料】（成品4人份）牛肉碎300克，胡萝卜碎30克，洋葱碎50克，西芹碎20克，大蒜碎10克，香叶1克，百里香1克，干白葡萄酒100毫升，面粉30克，番茄碎100克，番茄酱20克，褐色基础汤1升，土豆500克，牛奶50毫升，黄油50克，奶油50毫升，芝士粉80克。

【设备器具】不锈钢份数盆、厚底少司锅、西餐刀、砧板、电子秤、量杯、细孔滤网、汁勺、蛋抽、面火焗炉等。

【制作方法】

（1）牛肉酱制作。将牛肉碎用热油炒变色，加胡萝卜碎、洋葱碎、西芹碎炒香，加大蒜碎、香叶、百里香炒匀。倒入干白葡萄酒煮干，放入面粉、番茄碎和番茄酱炒匀，再加褐色基础汤煮至牛肉软烂、酱汁浓稠，调味成牛肉酱备用。

（2）土豆泥制作。土豆去皮煮软，加牛奶、黄油、奶油等制成土豆泥。

（3）成菜加工。按土豆泥、肉酱、土豆泥分层次铺在焗盅内，撒芝士粉，入焗炉焗烤上色即成。

【技术要点】

（1）牛肉碎用小火煮至软烂为佳。

（2）土豆泥中加入奶油、牛奶和黄油调成较稀的状态，不宜过干。

（3）高温焗烤，以芝士上色为佳。

【质量标准】色泽金黄，芝士味香浓，牛肉酱酸香，番茄味浓，风味浓厚。

【酒水搭配】适宜搭配各种浓郁香型的红葡萄酒。

（三）暗火烤（roasting）

烤是西餐常用的烹调方法，根据烤制设备不同，西餐烤可以分为旋转肉叉烤（spit roasting）、暗火烤、焙烤（baking）、烟熏烤（smoke roasting）等。

旋转肉叉烤是起源最早的烤制方法，是将原料穿在烤肉叉上，置于明火炉的上方，手工或电动旋转烤肉叉，利用热辐射的方式长时间地烤制原料。现在可以用专门的旋转肉叉烤箱来烤制。

暗火烤是目前流行最广的烤制方式。焙烤与暗火烤类似，相对来说，焙烤主要特指西点和面包等烤制方法，而暗火烤主要指菜肴的烤制方法。

烟熏烤是在烤制中利用专门的木材燃烧产生的烟雾进行熏烤，以便增加烤制成品的烟熏香味。

这里主要介绍应用最广的暗火烤。

1. 定义

暗火烤是指将经过加工腌制后的原料，放在封闭的烤箱中，通过干燥空气的对流传热，加热烤制的烹调方法。

2. 特点

根据原料不同，烤制菜肴呈金黄色或棕红色。具有外干香、内鲜嫩，质感丰富的特点。

烤制菜肴的调味少司通常由烤肉原汁浓缩而成。烤肉原汁是指原料烤制中渗出的肉汁。将烤肉汁加葡萄酒、水或基础汤等调料煮沸，加各种香草浓缩煮稠，调味后即成烤肉少司。

3. 工艺流程

选料→腌制加工→预制加工→烤制→沥汁保温、静置→少司调味→装盘成菜。

【原料】（成品 1 套）整形的肉柳、整的禽类或鱼类 1 件，胡萝卜 100 克，洋葱 200 克，西芹 100 克，韭葱 100 克，基础少司 300 毫升，各种香草和香料（香叶、百里香、法香、迷迭香等）、基础汤、葡萄酒、淀粉汁、配菜、盐和胡椒粉适量。

【设备器具】不锈钢深底烤盘、汤勺、细孔滤网、不锈钢托盘、网格烤肉架、不锈钢盆、长柄厚底煎锅、煎铲、烤箱、肉用温度计。

【制作方法】
（1）选料。选择适合的新鲜主料、配菜、香草和调料。烤箱预热至 200℃。
（2）腌制加工。去除整形的肉柳表面的筋络和肥油，加胡萝卜、洋葱、西芹、韭葱等调味蔬菜、香草和香料、葡萄酒、盐和胡椒粉等腌制备用。

① 若原料表面肥油或肥肉过多，会影响烤制中热量的均匀传递，所以要剔除肉类原料表面多余的筋络和肥油，但是也不可将所有的肥油都剔净，因为原料表面少量的肥油或油脂可以起到滋润皮面的作用，防止外皮烤制过干或烤焦。

② 为了增加原料烤制时的香味，可以将各种香草、香料和调味蔬菜塞入整鱼或整的小型禽类的腹腔内一同烤制。

③ 为便于烤制后菜肴成形的需要，可以将整件的禽类或肉类原料用厨用棉线捆扎定型，以免烤制中收缩变形。

（3）预制加工。对于一些体积较大，需要长时间慢火烤制的原料，可以在原料腌制、捆扎后，用高温快速加热定型，有助于增加菜肴的整体风味和色泽。高温加热的方式可以在明火炉上快速煎制，或者在高温焗炉里焗烤一下，或送入高温烤箱内快速烤制定型。

而对于一些小型的原料，因为在烤制过程中，上色较快，则不用提前高温定型。

（4）烤制。将烤制原料放在烤架上，表面刷油后，送入已经预热的烤箱内烤制。

① 通常将网格烤架放在大的不锈钢深底烤盘上，再放上烤制原料，这样原料四周有足够的空间，便于热空气的均匀对流和流通，以保证烤制火力均匀。

② 烤制中途，定时取出原料，在表面刷油后，再次送入烤箱烤制，以免干皮。

③ 中途刷油的目的是增加风味和防止干皮，一般可以用烤肉时渗出的油汁来刷油。若原料的脂肪较少，很少渗出油汁，则可以另外用熔化的黄油或植物油，以及腌肉汁来刷油增香。

④ 烤盘内可以加入一些调味蔬菜和香料，一同烤制增香，烤制结束时还可以用作少司制作。

⑤ 严格控制烤制火候和时间。通常可以使用肉用温度计来判别不同原料的烤制成熟度。烤制原料因为大小、形状各不相同，所以烹制后的成熟度鉴别需要更加专业的方法。通常使用肉用温度计来测试肉块的中心温度，以此鉴别肉块烤制的成熟度。在操作时，将肉用温度计插入肉块切口的一侧，肉用温度计尖端朝向肉块中心，不要碰到骨头或脂肪。当肉用温度计的显示温度比预期温度低 3～6℃时，即刻将烤制原料从火上移开，再使烤制原料保温静置休息，而在静置休息的过程中，肉块的中心温度还将继续升高，注意控制所预期的温度值。

（5）沥汁保温、静置。沥汁保温、静置休息是西餐烤制方法中增加风味的关键技巧之一。原料在经过长时间烤制后，表层的肉汁消耗殆尽，剩余的肉汁大部分集中在内部中心。通过一定时间的静置和沥汁保温，可以使肉汁在原料内重新分布，同时还有一个后熟过程，便于形成融合的质感，增加风味。

① 原料烤制到规定成熟度后取出，用锡箔纸盖上，沥汁保温。

② 通常烤制小型原料，沥汁保温时间在 5 分钟左右；中等大小的原料保温时间在 15～20 分钟；大型原料保温时间在 45 分钟左右。

（6）少司调味。去除烤盘内多余的油脂，将烤盘置于中火上加热，待调味蔬菜成棕褐色时，加入葡萄酒煮干，倒入基础汤煮沸，熬煮出味后加基础少司或淀粉汁煮稠，调味后过滤即成少司。

① 用烤盘内的调味蔬菜和香草来制作少司，保证原汁原味的风味。

② 确认烤盘内调味蔬菜和香草的烹制火候，若蔬菜被烤焦了，就不能使用了，以免酱汁产生苦涩味。

③根据菜肴的要求，选择适合的基础汤和基础少司。

（7）装盘成菜。将烤制好的肉类主料、少司和配菜装盘，上菜即成。

4. 技术要点

（1）准确控制原料烤制的火候和成熟度。以肉类原料为例，通常每 1 千克白肉类原料，烤制 60～70 分钟；每 1 千克红肉类原料（如牛、羊肉等），烤制 25～30 分钟；每 1 千克鸡肉类原料，烤制 40～45 分钟。

（2）烤制禽类或带骨类原料时，暴露在外的禽类腿脚和肉类的骨料应该用锡箔纸包裹紧实，以避免被烤焦、变色，影响成菜效果。

5. 适用范围

烤制方法主要适用于大型的或整形的原料，如大型的肉类、禽类原料。也常用于各种肉块类原料的烹制。

6. 菜肴示例

葡萄烤鹌鹑（roast quails stuffed with roasted grapes）

【原料】（成品 4 人份）鹌鹑 4 只，面包粉 600 克，牛奶 40 克，黄油 80 克，鸡肫 200 克，鸡心 200 克，鸡肝 200 克，白兰地 80 毫升，马德拉酒 100 毫升，香叶 1 克、百里香 1 克，葡萄 400 克，鲜葡萄汁 160 毫升，褐色基础汤 2 升，盐、胡椒粉适量。

【设备器具】砧板、不锈钢方盘、不锈钢份数盆、少司汁盅、吸水纸、细孔滤网、盛菜菜盘、煎铲、木搅板、蛋抽、平底煎锅、厚底少司锅、烤箱等。

【制作方法】

（1）将鹌鹑去内脏、整理加工备用。葡萄洗净，去皮、去籽备用。

（2）面包粉用牛奶泡软。将鸡肫、鸡心、鸡肝等切碎，用黄油炒香，加白兰地点燃，烧出香味，离火加香叶、百里香、盐和胡椒粉拌匀，拌入浸软的面包粉，成烤馅。

（3）将馅料酿入鹌鹑腹中，用细绳拴扎定型，撒盐和胡椒粉备用。

（4）将鹌鹑用黄油煎定型，送入 220℃的烤箱内烤 5 分钟，再降低炉温到 150℃，烤 25 分钟，中途刷油汁，熟后取出。

（5）去除锅中多余油脂，加马德拉酒和鲜葡萄汁浓缩。至原体积的 1/2 时，倒入褐色基础汤煮稠，过滤后加葡萄拌匀成少司。

（6）将鹌鹑去线，放于盘中，用葡萄等装饰，淋汁即成。

【技术要点】

（1）酿馅时，不宜过多，以免馅料膨胀、外溢，影响风味和美观。

（2）可以用煮熟的米饭代替面包粉制作酿馅。

【质量标准】色泽棕红，香味浓郁，肉质鲜嫩，馅鲜味醇，风味独特。

【酒水搭配】适宜搭配各种浓郁香型的红葡萄酒和白葡萄酒。

（四）罐焖

罐焖是法式烹调中独特的烹调技法，采用特制的法国砂锅制作而成。法国砂锅又称法国烤锅，是一种大而深的烹调专用器具，类似中国的砂罐。一般用陶瓷或玻璃制成，可放入烤箱，也可以直接盛装菜肴。西餐中常将用砂锅制作的菜肴称为砂锅菜。

1. 定义

罐焖是指将体积较大的原料，经过加工处理后，放入有盖的大砂锅中，锅底铺满炒香的调味蔬菜，加盖密封后送入烤箱内，罐焖成菜的烹调方法。适用于有皮的家禽和带皮的家禽的部位原料、有皮或有筋的牛肉等肉类（如小牛的牛腩肉等）。

2. 特点

罐焖与暗火烤的方法类似，不同之处在于烤制菜肴通常将原料直接放在烤架上，不加盖送入烤箱中烤制，烤制的菜肴表面干香、色泽棕红；而罐焖的菜肴是将原料放入有盖的砂锅中，加盖后送入烤箱烤制，罐焖的菜肴色泽光亮，呈金黄色或棕褐色，表皮香脆，肉质松软。

3. 工艺流程

选料→腌制加工→预制加工→罐焖→沥汁保温→少司调味→装盘成菜。

【原料】（成品 4 人份）白肉类原料或整的禽类 1 件，胡萝卜 100 克，洋葱 200 克，西芹 100 克，韭葱 100 克，基础少司 300 毫升，各种香草和香料（香叶、百里香、法香、迷迭香等）、基础汤、葡萄酒、芡粉汁、配菜、盐和胡椒粉适量。

【设备器具】法国砂锅、汤勺、细孔滤网、不锈钢托盘、不锈钢盆、网格烤架、长柄厚底煎锅、煎铲、烤箱。

【制作方法】

（1）选料。

① 选择适合的新鲜主料、配菜、香草、香料和调料。

② 罐焖菜肴的主料通常选用小牛肉、肉鸡。

③ 罐焖菜肴的辅料通常既可以用来增香提味，又可以用作配菜，被称为可以食用的马蒂尼翁蔬菜，如胡萝卜、洋葱、西芹等均可。

④ 烤箱预热至 200℃。

（2）腌制加工。去除原料表面的筋络和肥油，加胡萝卜、洋葱、西芹、韭葱等马蒂尼翁蔬菜、香料、葡萄酒、盐和胡椒粉等腌制备用。

（3）预制加工。将法国砂锅置于旺火上，加油烧热，放肉类主料快速煎制。至定型、均匀上色后，取出保温备用。

（4）罐焖。将切成大块的胡萝卜、洋葱、西芹、韭葱等作配菜用的马蒂尼翁蔬菜放入砂锅中，加黄油继续炒香，铺匀在锅底后，放入煎上色的肉类原料，刷油后，加盖罐焖。

①作配菜用的马蒂尼翁蔬菜要切得大一些，便于装盘。

②肉类主料放在炒香的蔬菜上面，烤制前刷上黄油提味。

③烤制中途可以适当地再刷1～2次油，增亮提味。

④原料烤制接近结束前，可以拿去砂锅的盖子，将原料表面烤成棕褐色，增加皮面香脆的口感。

（5）沥汁保温。控制罐焖的火候，取出肉类主料和2/3的马蒂尼翁蔬菜。用锡箔纸包好，放于网格烤架上，沥汁保温备用。

（6）少司调味。去除砂锅中多余的油脂，将砂锅内1/3的马蒂尼翁蔬菜放在中火上加热，加入葡萄酒煮干，倒入基础汤煮沸，熬煮出味后加基础少司或淀粉汁煮稠，调味后过滤即成少司。

（7）装盘成菜。将罐焖好的肉类主料切片装盘，淋上少司，装入马蒂尼翁蔬菜，上菜即成。

4. 技术要点

（1）罐焖中途不宜频繁揭盖，否则容易损失水汽，造成原料被烤过火。铺底的调味蔬菜要切大一些，容易在烤制中保持成形，避免被烤焦。

（2）可以用多功能蒸烤箱来制作罐焖菜肴。将烤箱调成蒸汽、烘烤混合加热模式，温度设定在180℃，原料直接放在下面垫有烤盆的网格烤架上，进行罐焖烹制。烤制中渗出的肉汁流在烤盆内，可以用作酱汁制作；原料表面有空气和水蒸气的对流作用，不会被烤焦，制作更简便。

5. 适用范围

罐焖适用于大型白肉类原料，如禽类、小牛肉类等。

6. 菜肴示例

克克特罐焖鸡（casserole-roasted chicken）

【原料】（成品4人份）仔鸡1只，大蒜碎10克，百里香5克，胡萝卜50克，洋葱50克，培根130克，蘑菇130克，小洋葱130克，细砂糖10克，净土豆1千克，色拉油50毫升，黄油50克，干白葡萄酒50毫升，西班牙少司200毫升，盐和胡椒粉、法香碎和蔬菜配菜适量。

【设备器具】砧板、不锈钢方盘、不锈钢份数盆、少司汁盅、吸水纸、硅油纸、细孔滤网、盛菜菜盘、煎铲、木搅板、蛋抽、平底煎锅、厚底少司锅、克克特焖锅、烤箱等。

【制作方法】

（1）仔鸡初加工洗净备用。黄油加热烧化，加大蒜碎、百里香、盐和胡椒粉炒匀，抹于鸡腹内腌味，捆扎定型，外皮抹剩余黄油备用。胡萝卜和洋葱切成大块，炒香后放入焖锅内铺匀备用。

（2）将蘑菇洗净；土豆削成橄榄形；小洋葱去皮、洗净；法香切碎。

（3）将仔鸡煎上色，腹部向上放入克克特焖锅内，加盖后送入 200℃的烤箱中焖烤 40 分钟（中途取出淋汁）。

（4）去除锅盖，再烤 10 分钟。至皮面棕红色时，取出保温备用。

（5）将培根煎香、加蘑菇炒熟；小洋葱加水、细砂糖和黄油淹没，用硅油纸加盖密封，煮至水分将干、发亮时备用；土豆炸熟，调味备用。

（6）焖锅中加干白葡萄酒煮干，加西班牙少司煮沸，过滤后调味成少司，保温备用。

（7）仔鸡去线，腹部向上放入盘中。加蔬菜配菜，撒法香碎，配少司上菜即成。

【技术要点】

（1）胡萝卜和洋葱炒香，不变色，放入焖锅内铺匀，将鸡放在蔬菜上，避免粘锅焦煳，增加香味。

（2）罐焖烤制中途应将鸡每 15~20 分钟翻动一次，淋油汁后，继续焖烤，使皮面滋润，色泽美观。

（3）烤制结束前，去除锅盖，烤制上色。

【质量标准】 鸡皮棕红，干香油润，肉质软嫩。少司咸鲜香浓。风味浓厚。

【酒水搭配】 适宜搭配各种浓郁香型的红葡萄酒。

三、以水为传热介质的湿热加热法

（一）低温浅煮

1. 定义

低温浅煮是西餐常见的烹调方法之一，主要应用于成形较小或较薄，肉嫩易碎的鱼柳和禽类胸肉的烹调。制作中，将加工成形的原料浸入少量冷的酸味汤汁中，汤汁淹没原料的 1/3~1/2，加硅油纸盖严，小火慢煮或送入烤箱，采用蒸汽和热水混合加热的方式使原料成熟。

2. 特点

低温浅煮的菜肴肉质细嫩，本鲜味浓，少司清鲜不腻，风味清爽适口。

3. 工艺流程

选料→加工成形→预制熟处理→低温浅煮→少司调味→装盘成菜。

【原料】（成品 4 人份）去骨鱼柳或鸡胸肉 4 份（150~200 克 / 份），黄油 120 克，红葱 80 克，调味蔬菜（如洋葱、蘑菇、大蒜等）60 克，白葡萄酒 150 毫升，白色基础汤 150 毫升，香草香料、蔬菜配料、盐和胡椒粉适量。

【设备器具】 长柄厚底煎锅、中等大小的浅底汤锅或带盖的焗盆、硅油纸、汤勺、木勺、炒勺、细孔滤网、不锈钢托盘、不锈钢盆、煎铲、烤箱。

【制作方法】

（1）选料。

① 选择新鲜、无异味的鸡胸肉、鱼肉、大虾和贝类等动物原料。

② 低温浅煮的汤汁以白色基础汤为主,可以根据菜肴要求加一些酸性调味料,如白葡萄酒、酒醋或柠檬汁,既可以提味,又便于黄油在少司中乳化,制作白黄油少司。

③ 可以选用一些香草香料切碎,最后加入少司中提味增香。

(2) 加工成形。

① 将鸡肉、鱼肉等动物原料去皮,去骨,取净肉柳备用。

② 大虾和贝类去壳取肉备用。

③ 将鱼柳对折或卷成鱼卷备用。

④ 将红葱和其他调味蔬菜切成小丁备用。

⑤ 将硅油纸剪成与煎锅或焗盆口径一致的圆形,抹匀热黄油汁备用。

(3) 预制熟处理。

① 在煎锅中或小焗盆内放入少许黄油烧化,加调味蔬菜丁,用小火炒香、不变色,铺匀锅底。

② 将鱼卷或鸡肉等原料撒盐和胡椒粉调味,放在炒香的调味蔬菜丁上,加入冷的葡萄酒和白色基础汤,汤量以淹没原料的 1/3~1/2 为佳。

(4) 低温浅煮。

① 将煎锅或焗盆放在小火上加热,至汤汁热烫,接近沸腾时,此时温度为71~82℃。

② 用涂有黄油的硅油纸将锅中的鱼卷或鸡肉原料盖严,送入中等炉温的烤箱内烤制。

③ 也可以将鱼卷等原料放入锅中,加汤和硅油纸盖严后,直接送入烤箱烤制。

(5) 少司调味。

① 待鱼柳或鸡肉等原料煮至刚熟,立刻取出,放入热的焗盆内,加少量热的煮汤浸泡,以免干皮,加盖保温备用。

② 将锅中的少司置于明火上加热浓缩,煮稠后根据菜肴要求,加黄油乳化,制作成白黄油汁,或者加入奶油、蔬菜泥等增稠浓味,制作成少司备用。

(6) 装盘成菜。将主料装盘,淋汁成菜。

4. 技术要点

(1) 低温浅煮要求选用适合的烹煮工具,通常选用中等大小的浅底汤锅、煎锅或焗盆。若锅具过大,则要加入更多汤汁才能淹至原料的 1/3~1/2,这样会增加煮制时间,稀释少司的口味,使原料煮制过火;若锅具过小,则原料煮制时过于拥挤,不利于操作。

(2) 煮制汤汁宜少不宜多,以淹至原料的 1/3~1/2 为佳。用炒香的蔬菜丁垫底,放上鱼柳等原料,可以防止粘锅,也垫高了原料,便于控制火候。

(3) 在煮制中,切记不可将汤汁煮沸。低温浅煮的汤汁温度不宜超过82℃,原料在硅油纸的密封下,采用浸烫和蒸汽混合加热方式制熟,尽可能地保证了鲜嫩的口感和原汁原味的风味。

(4) 相对于在明火炉上直接加热,烤箱的温度更加稳定,便于调节,传热也更均匀。因此为保证原料的鲜嫩质感，低温浅煮最好采用烤箱加热的方式完成。

（5）若汤汁在加热中被煮沸，则容易造成鱼肉碎烂、或其他肉类口感干硬，影响菜肴品质。

（6）传统的低温浅煮少司是将煮汤汁浓缩煮稠后，加黄油和奶油制成白黄油少司或白酒少司，而现代西餐低温浅煮少司的流行做法是，在煮稠的汤汁中加入熟制的蔬菜泥或水果泥增稠，或者用勾芡的办法浓稠增稠。

5. 适用范围

低温浅煮适用范围广泛，主要用于肉质细嫩、成形较薄或较小的白肉类原料；易碎的鱼肉、贝类和禽类胸肉等原料。如鱼肉、鸡肉、虾贝类、白肉类原料等。常见菜肴有煮龙脷鱼柳，煮鸡胸，煮土豆榄、胡萝卜榄等。

6. 菜肴示例

煮龙利鱼柳荷兰汁（poached sole with hollandaise sauce）

【原料】（成品 4 人份）龙利鱼柳 4 份（150～200 克/份），柠檬 2 个，法香菜 20 克，干白葡萄酒 100 毫升，鱼精汤 250 毫升，土豆 200 克，时令蔬菜、荷兰少司、盐和胡椒粉适量。

【设备器具】砧板、不锈钢方盘、不锈钢份数盆、少司汁盅、吸水纸、硅油纸、细孔滤网、盛菜菜盘、煎铲、木搅板、蛋抽、平底煎锅、厚底少司锅、烤箱等。

【制作方法】

（1）将龙利鱼去除鱼鳞、鱼鳍和内脏，剔出 4 条净鱼柳。制作荷兰少司。

（2）土豆削成橄榄形，用冷盐水煮熟备用。柠檬切片。

（3）将鱼柳放入锅内，加冷鱼精汤和干白葡萄酒，淹没鱼柳 2/3，放入柠檬片、法香菜、胡椒粉和盐，用硅油纸密封，煮至汤面微沸，送入 160℃烤箱内慢煮约 10 分钟。待鱼肉刚熟时取出，保温备用。

（4）将鱼肉装入热菜盘中，淋上荷兰少司，配煮熟的橄榄土豆和时令蔬菜即成。

【技术要点】

（1）根据鱼肉厚度和肉质控制煮制时间，以鱼肉细嫩，刚熟为佳。

（2）也适用于其他的海鱼鱼柳，如鳟鱼、比目鱼、无须鳕等。

【质量标准】鱼肉细嫩，少司咸鲜酸香，黄油香味浓厚，清爽不腻。

【酒水搭配】适宜搭配各种浓郁香型的白葡萄酒。

（二）汆煮和炖

1. 定义

汆煮和炖是两个极为相似的烹调方法。

汆煮又可以称为"低温深煮"，是指将质地鲜嫩的原料，经加工成形后，放入大量的调味汤汁中，充分淹没，煮热后加热成菜的烹调方法。

炖是指将肉质较老、鲜味浓厚的原料，经加工成形后，放入大量的调味汤汁中，充分淹没，煮沸后加热成菜的烹调方法。

氽煮和炖的差别在于烹煮的温度、原料类型和成菜的质感等，如表6-4所示。

表6-4　氽煮和炖的区别

项目	氽煮	炖
原料选择	多选用肉质细嫩、腥异味少的肉类原料，如小牛肉、小羊肉、鸡肉、猪肉、鱼类等	多选用成年的、质地较老，鲜香味足的肉类原料，如牛肉、羊肉、禽类、兔肉、野味等
主料成形	主料加工成大块或整形	主料加工成大块或整形
加热温度	71～85℃	85～93℃
烹调汤汁	基础汤、清汤、鱼精汤、蔬菜汤、酒汁等	基础汤、清汤、鱼精汤、蔬菜汤、酒汁等
汤汁用量	汤汁充分淹没原料	汤汁充分淹没原料
汤汁状态	汤面微微浮动，无沸腾的水泡	汤面沸而不腾，有少许沸腾的小水泡
少司成菜	通常单独另配少司	通常单独另配少司
成菜标准	氽煮时间较短，成菜口感细嫩	炖时间较长，成菜口感软嫩

2. 特点

氽煮的菜肴肉质细嫩，本鲜味浓，清鲜不腻，风味清爽适口。

炖的菜肴肉质软嫩，本鲜味浓，清鲜不腻，风味清爽适口。

3. 工艺流程

选料→加工成形→氽煮或炖→少司调味→装盘成菜。

【原料】（成品4人份）肉、鸡或鱼4份（150～200克/份），基础汤或其他汤汁1.5升，调味蔬菜、香草香料、蔬菜配料、盐和胡椒粉适量。

【设备器具】大汤锅、大的平底煮锅、汤勺、木勺、滤勺、细孔滤网、不锈钢托盘、不锈钢盆、烤箱。

【制作方法】

（1）选料。

① 选择新鲜、无异味的动物原料。

② 肉类选用风味浓厚的白色基础汤；鱼类和虾贝类选用鱼精汤、葡萄酒。

③ 根据菜肴特点选用合适的调味蔬菜、香草、香料。

（2）加工成形。

① 根据成菜要求，对原料加工处理及成形。

② 无论氽煮或炖，通常鱼类和禽类都是整形烹制；而肉类通常切成大块进行烹制。

③ 根据工艺要求，鱼类可以酿入香料后，用纱布包紧烹制，保持形整不碎；大块肉类和禽类也可以酿入香料后，用棉线捆扎成形烹制。

（3）氽煮或炖。

① 锅中加入基础汤煮至微沸。

② 控制煮汤的温度。氽煮汤汁温度为 71～85℃；炖汤汁温度为 85～93℃。

③ 将原料放入汤汁中，完全浸没后，小火加热煮制。中途随时撇去浮沫。

④ 若有锅盖，可以将锅盖半掩在锅口，观察汤汁煮制状态，切忌汤汁滚沸。

⑤ 至原料刚熟或软熟，口感细嫩或软嫩时，取出后放盆中加少许热汤保温备用。

（4）少司调味。根据成菜要求，单独调配少司。如氽煮三文鱼配班尼士少司或毛士莲少司；炖牛肉配辣根少司等。

（5）装盘成菜。将煮熟的原料和少司趁热装入热菜盘中，上菜即成。

4. 技术要点

（1）根据氽煮和炖的不同用途，选择适合的原料和烹制方法。

（2）无论氽煮或炖，烹制中都要严格控制火候，采用小火慢煮的方法烹制。切记不能让汤汁滚沸，因为大多数的肉类、禽类和鱼类原料，在滚沸的汤汁中加热，肉质会变得干硬，损失过多的肉汁和鲜味。

（3）氽煮大型鱼类如多宝鱼或大比目鱼时，可以在煮锅内放入一个架子，上面放上加工好的整鱼，加汤淹没，这样既可以避免鱼粘锅，也可以使鱼保持形整不烂，受热均匀。

5. 适用范围

氽煮适合于肉质细嫩、腥异味少的大块或整形肉类原料，如小牛肉、小羊肉、鸡肉、猪肉、三文鱼、鳟鱼、大比目鱼等。

炖适合于质地较老，鲜香味足的肉类原料，如牛肉、羊肉、禽类、兔肉等以及质地较硬的植物原料，如豆类、根茎类蔬菜等。

6. 菜肴示例

煮三文鱼柳配班尼士少司（deep poached salmon with béarnaise sauce）

【原料】（成品 4 人份）三文鱼柳 4 份（150～200 克 / 份），鱼精汤 1.5 升，胡萝卜 30 克，洋葱 50 克，西芹 30 克，蘑菇 50 克，干白葡萄酒 100 毫升，柠檬 1 个，香叶 1 克，百里香 1 克，茴香 1 克，法香 2 克，粗胡椒碎 2 克，蔬菜配料、班尼士少司、盐和胡椒粉适量。

【设备器具】砧板、不锈钢方盘、不锈钢份数盆、少司汁盅、吸水纸、细孔滤网、盛菜菜盘、煎铲、木搅板、蛋抽、煮鱼锅、煮鱼搁架、厚底少司锅、烤箱等。

【制作方法】

（1）将三文鱼加工整理，制作成 200 克 1 份的净鱼柳，放于煮鱼搁架上备用。

（2）将胡萝卜、洋葱、西芹、蘑菇、柠檬切成厚片。

（3）蔬菜配菜熟处理，调味保温备用。制作班尼士少司，调味保温备用。

（4）将鱼精汤、胡萝卜、洋葱、西芹、蘑菇、干白葡萄酒、柠檬片、香叶、百里香、茴香、法香、粗胡椒碎、盐和胡椒粉等一同放入煮鱼锅中煮沸，转小火慢煮 15 分钟，熬煮出味。

（5）降低火力，至煮鱼汤汁表面微微浮动，水温降至85℃时，放入三文鱼柳慢火煮制。

（6）煮汤充分淹没鱼柳，煮6～7分钟，至鱼柳刚熟时取出，用锡箔纸盖住保温备用。

（7）将鱼柳装入热菜盘中，配蔬菜辅料、柠檬片和热的班尼士少司，上菜即成。

【技术要点】

（1）汆煮鱼柳时，要确保汤汁量足，鱼柳充分淹没在汤汁中，以保证受热均匀。

（2）控制汆煮鱼柳的火候，煮制时，汤面切忌沸腾，保持汤面微微浮动为佳。

（3）汆煮鱼柳通常鱼肉刚熟为佳，不宜过老。

【质量标准】鱼肉鲜嫩，少司清香微酸，爽口不腻。

【酒水搭配】适宜搭配各种浓郁香型的白葡萄酒。

（三）沸水煮

1. 定义

沸水煮是指将加工好的原料，放入滚沸的汤汁中，煮制成熟的烹调方法。

2. 特点

沸水煮的菜肴常常用作西式菜肴的配菜辅料，具有质地柔嫩，口味清淡，本味鲜美的特点。

3. 工艺流程

选料→加工成形→沸水煮→冷却→调味→装盘成菜。

【原料】（成品4人份）各种根茎类蔬菜或面食制品4份（150克/份），基础汤或其他汤汁2升，香草、香料、油脂、盐和胡椒粉适量。

【设备器具】大汤锅、平底煎锅、汤勺、木勺、滤勺、细孔滤网、不锈钢托盘、不锈钢盆。

【制作方法】

（1）选料。根据成菜要求，选择新鲜、无异味的根茎类蔬菜或面食制品。

（2）加工成形。将蔬菜洗净、去皮、切成所需形状备用。

（3）沸水煮。

①锅中加入足量的盐水或基础汤煮沸。

②将原料放入沸水中，快速煮制，控制成熟的火候。

③原料断生成熟后，快速取出沥水。

（4）冷却。将煮熟的原料浸入冰水中冷却，保持鲜嫩的质感和自然的色泽，沥水备用。

（5）调味。上菜前，将煮熟的原料再次用煎锅加油炒热，调味后即成。

（6）装盘成菜。将原料与各种肉类主料和少司搭配上菜即成。

4．技术要点

（1）用足量的沸盐水煮制，盐的用量以能尝到水较咸为佳，这样可以辅助调味。

（2）沸水煮时，注意保持汤面"水宽、水沸、水深、火旺"的原则。

（3）掌握好火候，原料以刚熟为度。

（4）煮好的原料通常需要及时冷却，以保持质感和色泽。

（5）冷却后的原料上菜前，需要再次快速加热和调味。

5．适用范围

沸水煮主要用于煮制各类蔬菜和干制的面食制品，通常沸水煮不适合长时间煮制肉类原料，因为肉类原料经过长时间沸水煮后，会变得干硬、纤维化，口感干柴，影响品质。

6．菜肴示例

水煮时蔬（boiled vegetables）

【原料】（成品 4 人份）时令蔬菜（花菜、芦笋、青豆、西蓝花、胡萝卜、四季豆等）4 份（150 克/份），黄油 40 克，水、植物油、盐和胡椒粉适量。

【设备器具】砧板、不锈钢方盘、不锈钢份数盆、吸水纸、细孔滤网、盛菜菜盘、木搅板、厚底少司锅等。

【制作方法】

（1）将花菜、芦笋、青豆、西蓝花、胡萝卜、四季豆等各种时令蔬菜整理、加工洗净，切配成形备用。

（2）厚底少司锅置于旺火上，加水煮至滚沸，加少许盐和少许油。

（3）放入蔬菜煮制。

（4）至脆嫩、刚熟时取出，放入冰水中浸凉，沥水备用。

（5）上菜前，将蔬菜用热油炒香，加盐和胡椒粉调味即成。

【技术要点】

（1）控制煮制火候，煮蔬菜时，用大火沸水，加盐和油煮制，可以保色。

（2）蔬菜煮至刚熟时，立刻取出，用冰水冷透，以保持鲜艳的色泽和脆嫩的口感。

（3）上菜前，炒热调味即可。

【质量标准】蔬菜色泽鲜艳，口感脆嫩，风味清香。

【酒水搭配】适宜搭配各种浓郁香型的红葡萄酒和白葡萄酒。

（四）纸包法

1．定义

纸包法是指将加工成形的原料，调味腌制、煎香上色后，放入用硅油纸制成的纸包内，送入烤箱中加热成菜的烹调方法。

纸包法的烹调原理是，原料密封在纸包内，利用烤制时，原料中浸出的肉汁变成蒸汽，对原料进行快速加热，成熟成菜。

在法式传统烹调中，纸包法主要用硅油纸来包裹原料，而现代烹调中随着技术和材料的更新，纸包法有了更多的变化类型。如使用锡箔纸、水调面团、生菜叶、荷叶、芭蕉叶、粽叶、玉米叶等来制作的纸包菜肴，在中式烹调中，还有用糯米纸和玻璃纸等可以直接食用的材料做的纸包鸡等，变化多样。

2. 特点

纸包菜肴具有原汁原味，鲜嫩爽滑，口味清香，风味独特的特点。上菜时，纸包形状整齐，馅料清晰可见，由食客自己打开纸包，给人一种新奇的感受。

3. 工艺流程

选料→预制加工成形→纸包定形→纸包烤制→装盘成菜。

【原料】（成品4人份）肉扒4份（肉类、禽类或鱼类，150～200克/份），调味少司200毫升，蔬菜配料、香草、香料、盐和胡椒粉适量。

【设备器具】烤盘、硅油纸、汤勺、木勺、炒勺、细孔滤网、不锈钢托盘、不锈钢盆、长柄厚底煎锅、煎铲、烤箱。

【制作方法】

（1）选料。根据成菜要求，选择新鲜、无异味的小牛肉、鸡、鱼、鸭、虾等动物原料和适合的蔬菜配料。

（2）预制加工成形。

① 将硅油纸切成桃心形，刷油备用。

② 将肉扒调味腌制，用热油煎香至五成熟备用。

③ 将蔬菜切成丝、片或条状，用油炒香或焯水制熟后，调味备用。

④ 将调味少司加热备用。

（3）纸包定形。在硅油纸上铺匀炒香的蔬菜配料，放上肉扒，撒上香草等香料，淋上少司，再对折硅油纸，包好后密封定型。

（4）纸包烤制。将纸包放于烤盘上，送入中等炉温的烤箱内烤制。

（5）装盘成菜。控制烤制火候，待纸包膨胀、硅油纸呈浅褐色时迅速取出，趁热上菜即成。

4. 技术要点

（1）选用新鲜、无异味、质地细嫩的原料，加工时将肉类原料切成大小适中的肉扒或肉块，去除筋络、肥油和软骨，可以提前煎制五成熟，以便于烤制后达到刚熟的状态。

（2）蔬菜配料需要提前烹制，以便缩短纸包烤制时间，方便控制成菜火候。

（3）纸包菜肴通常要求现制现用，纸包烤好后，内部热空气充足，香味充溢，但冷后容易塌陷，损失风味，所以应该趁热快速上菜，以保持风味。

5. 适用范围

纸包法通常适用于新鲜无异味的鸡、鱼、鸭、虾等动物原料，应用广泛。

6. 菜肴示例

纸包烤鱼柳（fillet of sole en papillote）

【原料】（成品4人份）龙利鱼柳4份（150～200克/份），面粉50克，大蒜碎10克，大葱碎50克，红葱碎50克，培根丝30克，西芹丝50克，洋葱丝50克，红椒丝30克，青椒丝30克，蘑菇片50克，白葡萄酒80毫升，柠檬汁10克，白汁100克，盐、胡椒粉、植物油适量。

【设备器具】砧板、烤盘、不锈钢份数盆、少司汁盅、硅油纸、细孔滤网、盛菜菜盘、煎铲、木搅板、蛋抽、平底煎锅、厚底少司锅、烤箱等。

【制作方法】

（1）烤箱预热至230℃备用。

（2）培根丝、西芹丝、洋葱丝、红椒丝、青椒丝用油炒断生后调味备用。

（3）将硅油纸切成桃心形，刷油备用。

（4）龙脷鱼柳撒盐和胡椒粉，沾匀面粉，入热油中煎定型后取出。

（5）锅中加红葱碎和大蒜碎炒香，加白葡萄酒煮干，倒入白汁煮稠成少司。

（6）在硅油纸包中心放入炒香的蔬菜丝，再放上龙利鱼柳，淋上柠檬汁和少司，撒上蘑菇片和大葱碎，将纸包折叠密封后，放在烤盘上，送入230℃的烤箱内，烤约7分钟。

（7）至鱼肉刚熟，趁热装盘，配餐刀和剪刀，上菜即成。

【技术要点】

（1）纸包内不宜填装过多原料，以免纸包受热后膨胀破损。

（2）控制烤制时间和火候，刚熟为佳。

【质量标准】鱼肉细嫩，咸鲜味浓，蔬菜清香，风味独特。

【酒水搭配】适宜搭配各种浓郁香型的白葡萄酒。

（五）蒸

1. 定义

蒸是指将加工成形的原料，加调味料腌制入味，装入器皿，利用水沸后形成的蒸汽加热，使原料成熟成菜的烹调方法。

2. 特点

色彩自然，成形完整，质地鲜嫩，清鲜爽口，保留原料原汁原味的风味。

3. 工艺流程

选料→加工成形→调味→蒸→装盘成菜。

【原料】（成品4人份）白肉类原料4份（小牛肉、猪肉、禽类、水产品等，150～200克/份），蒸锅水足量，少司400毫升，配菜、盐和胡椒粉适量。

【设备器具】竹蒸笼或不锈钢蒸笼、大圆锅、蒸柜或万能蒸烤箱、细孔滤网、不锈钢托盘、大焗盆、不锈钢盆、长柄汤勺。

【制作方法】

（1）选料。选料要新鲜。以新鲜、质嫩的原料为佳，如小牛肉、猪肉、禽类、水产品等。

（2）加工成形。根据成菜要求，对原料进行加工处理，刀工成形，原料形状大小以蒸制时能够快速成熟为佳。

① 小型整鱼蒸制如多宝鱼、龙利鱼等，将鱼身表面用刀破皮剞刀，便于入味均匀和定型，蒸制时鱼身不易弯曲。

② 鱼柳的蒸制加工是将大型鱼类去骨、去皮，取净鱼柳备用。

③ 鸡肉或猪肉根据要求去骨和肥油备用。

④ 贝类和虾蟹等甲壳类原料，可以带壳蒸制。扇贝通常习惯取下扇贝肉，放于扇贝壳中蒸制。

（3）调味。

① 根据成菜要求，对主料加调味料腌制备用。

② 为了增加蒸制菜肴的风味，可以将蒸笼下的水换成肉汤或基础汤。

③ 为进一步增加菜肴的风味，可以在蒸笼的水中加入胡萝卜、洋葱、西芹等调味蔬菜、各种香草和香料等。

（4）蒸。将蒸笼置于大圆锅上，加足量的蒸笼水或汤煮沸，放入原料蒸制。

① 蒸笼水可以用肉汤代替，还可以加入调味蔬菜提味。

② 将蒸笼水用大火煮沸后，在蒸笼笼屉中放入原料，加盖密封蒸制。

③ 控制蒸制的时间和火候，待原料刚熟时出锅，避免蒸制过火。

（5）装盘成菜。将蒸好的原料和菜盘一同取出，配专门的少司，趁热上菜即成。

4. 技术要点

（1）选用新鲜原料，保证清鲜的风味。提前腌制调味，待静置入味后蒸制。

（2）蒸笼的水一次加足，水中可以加入调味蔬菜和香料。

（3）小批量蒸制时，可以用多层蒸笼一次性蒸制；大批量蒸制时，可以用蒸柜或万能蒸烤箱，将原料分层放在烤箱内的搁架上，批量蒸制。

（4）原料可以放在大的菜盘或有深底的焗盆内，进行蒸制，便于收集浸出的肉汁，用作对少司辅助调味增香。

（5）蒸笼的水烧沸后才能蒸菜，根据原料及成菜要求掌握蒸的时间和火候。通常：

① 旺火沸水速蒸，适用于质地鲜嫩、易成熟的原料，如鸡、鱼、蟹、小牛肉等。

② 中火沸水长时间蒸，适用于质地较老、体积较大的原料，如整鸡、整鸭、猪肉等。

③ 小火沸水慢蒸，适用于质地细嫩或需要定型成熟的菜肴，如肉卷、肉酱和慕斯蛋糕等。

（6）拿取蒸好的菜肴时，注意不要被蒸汽烫伤。取菜前要避开蒸汽出口，注意先将蒸笼的笼盖拿起一部分，倾斜敞气，或将烤箱门开小口，以保证安全。

5. 适用范围

西餐蒸制方法制作简单，营养健康，适用范围广泛，常用与质地细嫩、肉质清鲜的白肉类原料搭配，尤其适用于鱼类原料，如海鲈鱼、海鲷鱼、黑线鳕、银鳕鱼、鲭鱼、三文鱼、龙利鱼、比目鱼、鳟鱼、罗非鱼等。

6. 菜肴示例

清蒸银鳕鱼（steamed cod fillet）

【原料】（成品 4 人份）去皮银鳕鱼柳 4 份（150～200 克 / 份），鱼精汤 2 升，胡萝卜 100 克，西芹 100 克，大葱 80 克，姜 5 克，法香 10 克，柠檬汁 10 毫升，干白葡萄酒 50 毫升，黄油 20 克，橄榄油、海盐和胡椒粉适量。

【设备器具】砧板、不锈钢方盘、菜盘、竹蒸笼或不锈钢蒸笼、大圆锅、蒸柜或万能蒸烤箱、细孔滤网、不锈钢托盘、大焗盆、不锈钢盆、长柄汤勺等。

【制作方法】

（1）胡萝卜和西芹切片，大葱切丁，法香切碎，姜去皮拍扁切成块。

（2）将银鳕鱼柳放于菜盘中，加姜块、葱丁 30 克、柠檬汁、橄榄油和干白葡萄酒抹匀，撒上海盐和胡椒粉腌制。

（3）大圆锅放于旺火上，加鱼精汤煮沸，放入胡萝卜片、西芹片和 50 克葱丁煮出味，取出后用少许热的鱼精汤浸泡，加入黄油搅化，调味后成少司，保温备用。

（4）在煮汤上面放上蒸笼，放上腌制好的银鳕鱼柳，加盖密封，大火蒸制 6～8 分钟。

（5）小心取出鱼柳，去除姜块，淋上少司，撒上法香碎，趁热上菜即成。

【技术要点】

（1）西餐清蒸菜肴以突出原料本鲜味为主，在调味时，注意不要压制原料的本味。

（2）蒸制时，需要旺火沸水，加盖蒸成。蒸制时间以原料厚度来控制，若整鱼蒸制通常 10～12 分钟，鱼柳时间则短一些，以刚熟为佳。

（3）可以换用其他的各种鱼类、虾贝类等。

【质量标准】肉质细嫩，清鲜无异味，本鲜味浓厚。

【酒水搭配】适宜搭配各种浓郁香型的白葡萄酒。

（六）低温真空慢煮

1. 定义

低温真空慢煮是指将经过真空包装的原料，放入恒温水浴加热的锅中，浸入低温的液体中（50～80℃），通过精准的恒温和时间控制，将原料烹制成菜的方法。通常不同的原料所需的烹调温度和时间各有不同。

2．特点

（1）低温真空慢煮的发展历程。在 20 世纪 60 年代中期，美国和法国的工程师将低温真空包装技术应用在食品的保鲜技术上。早在 1974 年，法国米其林三星餐厅的主厨 Georges Pralus 就开始研究低温真空慢煮的烹调方法。他发现名贵的鹅肝通过真空低温烹调的方式，可以减少自身油脂和水分的损失，同时保持良好的风味，最后他成功地使鹅肝在真空低温慢煮后，只减少了 5% 的重量。同年，食品化学家 Bruno Goussault 进一步研究了低温真空慢煮方法对各种原料的作用和影响，针对更多样的原料如牛肉、水产品、蔬菜和水果等进行开发和运用，并应用在法航头等舱旅客的机务餐中。现在低温真空慢煮已经成为高档西餐厅特色主流菜肴的烹调方法。

（2）低温真空慢煮的优点。原料通过低温真空慢煮，可以最大限度地减少内部的水分损失和重量损耗，保持原料本身的自然色泽和原汁原味的香味，最大程度地保持原料的营养成分，简化原料腌制加工的工序和时间，同时去除传统烹调方法带来的不良风味，少用油或不用油，还能保证每次烹调的结果稳定一致，便于精确控制。因此在现代西餐烹调中，低温真空慢煮正逐渐成为一种流行趋势。

3．工艺流程

选料→加工成形→预制调味→密封真空包装成形→低温慢煮烹制→出锅→上菜前调味煎制→装盘成菜。

【原料】[以低温真空煮牛扒（Sous vide steak）为例，成品 4 人份] 小牛肉扒 4 份（150～200 克 / 份），黄油、大蒜、鲜百里香、蔬菜配菜、少司、橄榄油、盐和胡椒粉适量。

【设备器具】真空压缩密封机、恒温水浴锅、数字台秤、密封塑胶袋、肉用温度计、砧板、不粘锅、数字计时器等。

【制作方法】

（1）选料。选择适合的新鲜主料、配菜、香草和调料，以保证卫生干净。

（2）加工成形。

①将牛扒整理去筋，修整成形。

②确定牛扒的成菜火候，以便把握烹制温度。如一成熟 52℃；三成熟 55℃；五成熟 60℃；七成熟 64℃；全熟 71℃。

（3）预制调味。将牛扒加少许橄榄油和香草腌制。

（4）密封真空包装成形。将牛扒放入密封塑料袋中，真空压缩密封定型。

（5）低温慢煮烹制。

①将密封后的牛扒放入恒温水浴锅中水浴加热煮制。

②至牛扒中心温度到达 57℃，三成熟时为准。

③牛扒达到 57℃时，应搅动。

（6）出锅后，根据成菜要求，准备装盘成菜；或者浸入冰水降温后，立刻冷藏备用。

（7）上菜前调味煎制：根据成菜要求，上菜前将低温煮后的原料再加热，或煎扒上色，或焗烤上色，如牛扒煮好后，去除密封袋。锅中加黄油、大蒜和百里香炒香，放入牛扒快速煎香表面，出锅撒盐和胡椒粉。

（8）装盘成菜。将牛扒主料、少司和蔬菜配料一同装盘，上菜即成。

4. 技术要点

（1）低温真空慢煮的肉类原料，如鱼类、虾类、牛肉、羊肉、猪肉、禽类等。

（2）牛扒煮制时间根据牛扒的体积大小、形状、煮制汤汁的温度和希望达到的温度来综合判断和控制。通过低温恒温真空的方式煮制牛扒，煮制时水浴锅中的水流可以循环流动，不用担心牛扒被煮制过火，这里给出一个煮制时间火候的参考资料：

① 1.25 厘米厚的牛扒通常煮制约 15 分钟。

② 2.5 厘米厚的牛扒通常煮制约 45 分钟。

③ 3.8 厘米厚的牛扒通常煮制约 90 分钟。

④ 5 厘米厚的牛扒通常煮制约 2 小时。

（3）低温真空慢煮的方法中，选择新鲜原料很重要，同时用好计时器，肉用温度计、恒温水浴锅、万能蒸烤箱等，因为需要精准控制成菜温度和火候，因此与常规烹调方法相比，低温真空慢煮法更注重食材的卫生、安全、温度、时间和程序等烹调综合策略的运用，这些可以根据原料和成菜要求把握。

（4）菜肴经过真空烹煮成菜后，若不用立刻上菜，则应该迅速冷藏或冷冻备用，以最大限度地保持新鲜度和卫生安全。根据原料自身的特性和烹调加工时处理方法的不同，真空密封包装的原料能够低温冷藏（1～3℃）保鲜 6～14 天。

5. 适用范围

低温真空慢煮法应用广泛，适用于新鲜细嫩的肉类食材和蔬菜水果等。

6. 菜肴示例

低温真空煮香草牛排（sous vide beef short rib）

【原料】（成品 4 人份）带骨牛排 4 份（200～250 克 / 份），大蒜碎 10 克，橄榄油 30 毫升，西班牙少司 500 毫升，百里香 2 克，黑胡椒粗碎 2 克，什香草碎、盐、胡椒粉和黄油适量。

【设备器具】真空压缩密封机、恒温水浴锅、数字台秤、密封塑胶袋、肉用温度计、砧板、不粘锅、数字计时器等。

【制作方法】

（1）将牛排去筋、整理干净，撒上盐和粗黑胡椒碎、加大蒜碎腌制调味。

（2）将牛排放入大的密封袋中，均匀地排列整齐，加入橄榄油、百里香，将密封袋抽真空密封后备用。

（3）在恒温水浴锅中的水温达到 57℃时，放入密封好的牛排，用循环流动的热水，进行低温水浴加热。

（4）根据需要，控制煮制的火候。牛排经过 57℃ 低温真空慢煮 1 小时后，肉质的质感会很细嫩，肉汁丰厚，香味浓郁。

（5）将牛排从密封袋中取出，放入热黄油中加大蒜碎、百里香、什香草碎、盐、胡椒粉快速煎制，到表面棕褐色、干香时，取出静置休息保温 1 分钟，沥出血汁后趁热上菜，配西班牙少司即成。

【技术要点】

（1）牛排通过真空密封后，可以保证自身的肉汁和鲜味不向外浸透，同时香草和肉汁可以完全浸入牛排中，入味更透彻。

（2）用循环流动的恒温水浴锅加热牛排，可以保证烹调加热时的稳定性，减少烹调的难度和技巧。

（3）真空低温慢煮的牛排烹制好后，若不用立刻上菜，则应该迅速冷却，保持真空密封包装放入冰箱中，以（1～3℃）保鲜 6～14 天，最大限度地延长了保存期，保证了原料鲜嫩的质感和美味。

【质量标准】牛排断面呈血红色，肉质柔嫩、肉汁丰厚，保持了原汁原味的风味。

【酒水搭配】适宜搭配各种浓郁香型的红葡萄酒。

四、混合加热法

混合加热法是西餐常用烹调方法之一。这类烹调方法是指原料在烹制时，先采用热油煎制，使表面定型、上色后，再放入有盖子的大炖锅内，加适量汤汁，加盖慢火煮制。因为炖锅加盖后，锅中的汤汁蒸发成水蒸气，在密封的环境下又对原料进行了蒸制烹调，因此这类方法被称为混合加热法。

混合加热法通常适用于风味浓厚但肉质较老的原料，烹调时通常需要用小火慢煮很长时间；同时也适合质地细嫩的原料，只是烹调时，减少汤汁用量和缩短煮制时间即可。

（一）焖

1. 定义

焖是指将大型或整形原料，经加工整理后，用热油煎香上色，放入大炖锅内，加入汤汁和香料，加盖密封后，送入烤箱，低温慢焖而成的烹调方法。

焖是西餐中常用的烹调方法之一，常见的类型有以下几种：

（1）褐色焖（brown braising），是指用褐色基础汤和红葡萄酒焖制的烹调方法，可以用法文 daube 和 estouffade 来表示。常用于红肉类菜肴，如大块的牛肉、禽类或内脏类原料。

（2）白色焖（white braising），是指用白色基础汤焖制的烹调方法，常用于血色较浅的肉类或内脏类原料，如小牛胸腺、小牛舌等。

（3）鱼类焖制，主要应用于大型的整鱼，酿馅后焖制。

（4）蔬菜类焖制，适用于各种蔬菜，如花菜、苦苣等。

2. 特点

西餐焖制菜肴通常富含结缔组织，具有肉质熟软或软嫩，汁香味浓，汁稠发亮的特点。

焖制好的肉类原料可以用餐叉和餐刀轻松地切开，若肉类原料过于软烂，成为丝状则显示焖制过火，影响菜肴品质。

3. 工艺流程

选料→加工腌制→煎制→焖制→调味→装盘成菜。

【原料】（成品4人份）肉类主料4份（如牛肉、鸡肉或鱼等，200～250克/份），基础汤（如褐色基础汤、葡萄酒）2升，调味蔬菜（如胡萝卜、洋葱、西芹、大蒜等）120克，香料袋或香料束、盐、胡椒粉、配菜和油脂适量。

【设备器具】不锈钢有盖的炖锅、汤勺、木勺、炒勺、细孔滤网、不锈钢托盘、不锈钢盆、长柄厚底煎锅、煎铲、烤箱。

【制作方法】

（1）选料。

① 根据成菜要求，选择适合的新鲜主料、配菜、香草和调料。

② 选用成年的肉类原料和质地相对较老、结缔组织较多的部位，以保证浓厚的肉香味。

（2）加工腌制。

① 去除原料表面的肥油，将原料整理成形，切成大块。

② 加胡萝卜、洋葱、西芹、大蒜等调味蔬菜、香料、葡萄酒、盐和胡椒粉等腌制备用。

（3）煎制。将炖锅置于旺火上，加油烧热，放肉类主料快速煎制。至定型、上色后，取出保温备用。

① 焖制前，将肉类主料煎香上色，增加菜肴的香味。

② 不同原料，煎制要求不同。红肉类原料一般需要煎制到表面呈棕褐色；白肉类原料只需要煎制到表面开始上色即可；而鱼类原料一般不需要煎制。

③ 可以将肉类原料沾上面粉后煎制，这样在焖制时，可以增加汤汁的浓稠度，便于少司制作。

（4）焖制。在炖锅内加入胡萝卜、洋葱、西芹、大蒜等调味蔬菜，炒变色后加入番茄酱炒香，再放入其他的香料炒匀，加入葡萄酒煮干，放入煎香的肉类主料，倒入基础汤煮沸（汤量淹没主料的1/3～1/2），转小火保持汤面微沸，加入香料束或香料袋，加盖密封后送入中低温的烤箱内焖制。

① 若主料是白肉类原料，如猪肉、禽类、野禽类和鱼类等白肉焖制菜肴，在炒制胡萝卜、洋葱等调味蔬菜时，则只要炒香、不变色即可。

② 若主料是红肉类原料，如牛羊肉和野味类等红肉焖制菜肴，在炒制胡萝卜、洋葱等调味蔬菜时，则需要炒至棕褐色时为佳。

③ 若少司需要油面酱来增稠，则可以在调味蔬菜炒香后加入少量面粉炒匀，效果最佳。

④ 制作西餐红肉焖制菜肴时，常常会加入番茄碎或番茄酱来增色、浓味，同时番茄的酸性物质还有软化肉质的作用，可以在蔬菜炒香后加入。

⑤ 西餐焖制菜肴通常采用加盖密封后烤制的方法制作。倒入焖制的汤汁不宜过多，通常原料越嫩，倒入的汤汁越少，加热的时间也越短；若原料越老，加入汤汁越多，加热时间也越长。通常汤汁以淹没主料的 1/3～1/2 为佳。因为炖锅密封后，能产生蒸汽和慢煮混合加热的效果，烹煮更加彻底。

⑥ 焖制中，应该定时取出炖锅，将菜肴翻动均匀后，继续烤制。

⑦ 烤箱的温度不宜过高，通常以 130～160℃为佳。

（5）调味。在焖制结束 30 分钟前，去除锅盖，在烤箱内继续加热焖制，中途适当翻动。

① 在临近完成焖制前，去除锅盖，在烤箱内继续加热，便于汤汁增稠发亮。

② 至肉类原料完全软熟、均匀沾裹发亮的酱汁后，取出保温备用。

③ 将炖锅置于小火上，放入蔬菜配料，继续浓缩加热。

④ 至蔬菜配料软熟、去除香料束或香料袋，成焖制少司。

（6）装盘成菜。将肉类主料和焖制少司，蔬菜配料一同装盘，上菜即成。

4．技术要点

（1）将胡萝卜、洋葱、西芹等调味蔬菜炒香后，铺于炖锅锅底，再放上煎香的肉类主料，既可以避免肉块粘锅，又可以起到增香浓味的作用。

（2）西餐焖制加热时间长，可以将质地较老、结缔组织较多的肉类原料慢煮至软嫩或软糯的状态，产生更多的风味；也可以选用质地细嫩的肉类原料来进行焖制烹调，如肉质易碎的鱼类和虾蟹类原料，只是需要相应地降低烤制温度、减少汤汁用量和缩短慢煮的时间即可。

（3）西餐焖制既可以在明火炉上小火慢煮加工，也可以在烤箱内低温慢烤而成。相对而言，在明火炉上焖制，不如在烤箱中密封慢烤效果好。因为在明火加热时，锅底的原料很容易粘锅焦煳，必须常常关注并搅动汤汁；同时锅中煮沸的肉块可能因为温度过高，而被焖制得过于干硬，影响整体风味。

（4）在烤箱内密封低温慢烤时，烤箱内的热空气均匀对流传热，原料被锅中汤汁的低温慢煮、锅中的水蒸气湿热加热，火候加热比较均衡，操作相对简单、方便。

（5）制作焖制少司时，提前 1 小时加入香料束，可以保持香料的清香味。去除锅盖后继续加热浓缩，可以使少司浓稠增亮。西餐焖制汤汁中，通常带有较多的蔬菜，可以不用过滤，直接作为少司使用。

（6）西餐焖制菜肴上菜时，要求原料表面汁稠光亮，诱人食欲。通常可以采用提前去除锅盖烤制的方法制作。将酱汁和主料不断翻匀，继续加热烤制，使肉类主料表面沾匀均匀的肉胶冻汁，光亮美观。

5. 适用范围

焖制的原料通常选用中大型成年动物活动较多的区域和结缔组织较多的部位，如牛、羊的腿肉、胸肉、腹肉等，以及较大的鱼类等。虽然这些部位肉质较老，但是香味浓厚，通过长时间慢煮后，可以达到肉质软嫩、香浓适口的效果。

6. 菜肴示例

红酒焖野兔（braised hare with red wine）

【原料】（成品4人份）野兔4份（200克/份），培根130克，蘑菇130克，小洋葱130克，白兰地30毫升，褐色基础汤1升，黄油50克，土司片、法香碎、细砂糖、盐和胡椒粉适量。

腌肉汁：胡萝卜100克，洋葱100克，红葱20克，西芹50克，大蒜10克，香料束1束，迷迭香1克，粗胡椒碎10克，白兰地30毫升，干红葡萄酒1升，橄榄油50毫升。

【设备器具】砧板、不锈钢方盘、不锈钢份数盆、少司汁盅、吸水纸、硅油纸、细孔滤网、盛菜菜盘、煎铲、木搅板、蛋抽、平底煎锅、厚底少司锅、烤箱等。

【制作方法】

（1）将野兔清理加工、洗净，切成大块。胡萝卜、洋葱、红葱和西芹切成小片，大蒜拍碎。将兔肉放入胡萝卜、洋葱、红葱、西芹、大蒜等腌制蔬菜中，加入香料束1束、迷迭香1克、粗胡椒碎10克、白兰地30毫升、干红葡萄酒1升、橄榄油50毫升，腌制冷藏12小时。

（2）小洋葱放入锅中，加水、细砂糖和黄油淹没，用硅油纸加盖密封，煮至水分将干、发亮时备用；蘑菇和培根放入锅中，加黄油煎香；土司片烤香后，抹热黄油汁备用。

（3）将兔肉和腌制蔬菜取出，沥干水分。腌制汁上火煮沸，去浮沫，保温备用。

（4）厚底少司锅中加油烧热，放入兔肉煎上色，取出保温备用。

（5）锅内加腌制蔬菜炒软，加白兰地点燃，烧出酒味，倒入腌制酒汁煮干，倒入褐色基础汤煮沸，放入兔肉，加盐和胡椒粉调味，加盖，入160℃的烤箱中，焖2小时。

（6）兔肉入味后取出。将焖肉汁过滤，加盐和胡椒粉调味，加蘑菇、培根和小洋葱，成焖肉少司。

（7）将兔肉装盘淋汁，撒法香碎配蔬菜辅料即成。

【技术要点】

（1）兔肉腌味时，干红葡萄酒的量以充分淹没兔肉为准。腌制时间较长，便于入味和上色。

（2）焖制前，腌制酒汁应充分浓缩，以去除红酒多余的酸味，增加香味。

【质量标准】色泽棕红，兔肉软熟，口味鲜香，少司咸鲜味厚，带浓郁的酒香，风味独特。

【酒水搭配】适宜搭配各种浓郁香型的红葡萄酒。

（二）烩

西餐中"烩"是与"焖"非常类似的烹调方法，不同之处在于肉类主料成形的形状和煮制中汤汁的用量。

1. 定义

烩是指将加工后的原料，经过预制熟处理，放入调味少司汤汁中加热成菜的烹调方法。

烩是西餐中常用的烹调方法之一，根据烹调中少司汤汁的颜色可以分为红烩和白烩，常见的类型有以下几种。

（1）白汁烩肉（blanquette）。这是白烩类菜肴，适用于血色较浅的白肉类原料，如小牛肉、小羊肉、鸡肉等，烹调中习惯加入蘑菇和小洋葱等配料，汤汁以白汁类少司为主。

（2）地中海烩海鲜（bouillabaise）。这是地中海式的海鲜烩制菜肴，制作方法类似马赛鱼汤，减少汤汁用量，将少司煮稠成地中海式烩海鲜。

（3）白汁烩肉（fricassée）。这是白烩类菜肴，适用于血色较浅的白肉类原料，如小牛肉、各种禽类等。

（4）匈牙利烩肉（goulash）。这是起源于匈牙利的红烩类菜肴，适用于各种肉类原料，如牛肉、小牛肉、猪肉及禽类等，烹调中主要用匈牙利红椒粉来调味提色，习惯加入土豆等配菜。

（5）红汁蔬菜烩羊肉（navarin）。这是法式传统的红烩类菜肴，适用于羊肉和小羊肉，烹调中习惯加入萝卜和土豆等配料。

（6）褐汁烩肉（ragoût）。这是法式传统的用褐色基础汤和褐色少司烩制的菜肴，适用于各种红肉类、禽类原料。

（7）红汁烩海鲜（matelote）。这是法式传统的红烩海鲜菜肴，适用于各种鱼类，包括鳗鱼等。

2. 特点

西餐烩制类菜肴的色泽多样，肉质鲜嫩或软嫩，汁稠光亮，香鲜味浓，适口不腻。

3. 工艺流程

选料→加工腌制→煎制或焯水→烩制→调味→装盘成菜。

【原料】（成品4人份）肉类主料4份（如牛肉、鸡肉或鱼等，200～250克/份），基础汤和基础少司（如褐色基础汤、褐色少司、葡萄酒）1.5升，调味蔬菜（如胡萝卜、洋葱、西芹、大蒜等）120克，香料袋或香料束、盐、胡椒粉、配菜和油脂适量。

【设备器具】不锈钢炖锅、汤勺、木勺、炒勺、细孔滤网、不锈钢托盘、不锈钢盆、长柄厚底煎锅、煎铲、烤箱。

【制作方法】

（1）选料。

① 根据成菜要求，选择适合的新鲜主料、配菜、香草和调料。

② 选用肉质较嫩的禽类、鱼类和肉类原料，以保证细嫩的口感。

（2）加工腌制。据成菜要求，去除肉类原料表面和中心的肥肉、软骨和筋络，整理成形，切成约 3 厘米的小块备用。肉块煎制前沾上面粉，撒盐和胡椒粉调味。

将各种蔬菜配菜加工洗净，切成 3 厘米的块，预先熟处理后备用。

（3）煎制或焯水。根据原料种类和烩制类型煎制或焯水。

① 若是红烩类原料，可以在炖锅内，用热油煎成棕褐色后，取出备用。

② 若是白烩类原料，可以在炖锅内，用热油煎定型、不变色后，取出备用。

③ 有些白汁烩肉如 blanquette，不需要煎制肉类主料，而只需要用热汤焯水后，直接烩制。

（4）烩制。

① 在炖锅内加入胡萝卜、洋葱、西芹、大蒜等调味蔬菜和香料，炒香变色后铺在锅底，放入煎香或焯水的肉类主料。

② 倒入基础汤和基础少司煮沸（汤量淹没主料的 1/2～2/3），转小火保持汤面微沸，撇去浮沫和浮油。

③ 加入香料束或香料袋，将炖锅加盖密封后，送入中高温（160～180℃）的烤箱内烤制。

④ 或者直接在小火上加热，炖锅不加盖，随时搅动，撇去浮沫，避免锅底焦糊。

（5）调味。

① 至肉块软嫩时取出，保温备用。

② 将烩肉汁过滤，去除香料袋或香料束，继续浓缩煮稠。

③ 加奶油、柠檬汁或其他调味料，调味成少司。

④ 将肉块和蔬菜配料再次放入少司中慢煮入味。

（6）装盘成菜。将烩制好的主料、蔬菜配料和少司一同装入盘中，趁热上菜即成。

4. 技术要点

（1）焖与烩的烹调方法近似，它们之间最主要的区别在于主料的刀工成形、烹制时加盖与否、火力和时间以及菜肴成菜的口感等，如表 6-5 所示。

表 6-5　焖与烩的区别

项目	焖	烩
原料选择	多选用成年的、质地较老、含结缔组织多的肉类原料，如牛肉、羊肉、兔肉等	多选用肉质细嫩、腥异味少的肉类原料，如小牛肉、小羊肉、鸡肉、猪肉、鱼类等
主料成形	主料加工成大块或整形；煎至上色、增香备用	主料切成一口吃的小块，通常在 3 厘米左右；煎制上色或焯水定型备用
烹调汤汁	通常以基础汤和各种酒汁为主	通常以基础汤、基础少司和各种酒汁为主
汤汁用量	汤汁淹没原料的 1/3～1/2	汤汁淹没原料的 2/3 或刚好淹没原料

续表

项目	焖	烩
烹调方式	采用混合加热法，菜肴在烤箱内加盖密封焖制；成菜前去除锅盖，继续烤制浓缩增亮	采用混合加热法，菜肴在烤箱内加盖密封烩制；或在炉火上，不加盖直接加热烩制
少司成菜	原料软嫩后制作少司，淋汁焖烤上色、增亮	原料与少司一同烩制成菜
成菜标准	焖制时间较长，成菜口感软嫩或软糯	烩制时间较短，成菜口感细嫩

（2）烩制菜肴的主料在煎制前，需要加盐和胡椒粉腌制。

（3）肉类主料煎制前沾匀面粉，便于成菜时调节少司的浓度。

（4）烩制菜肴的蔬菜配料，通常需要提前预熟处理，以便在烹制结束时，加入少司中与主料保持一致的成熟度和口感，缩短烹制时间。

5. 适用范围

烩制方法适用范围广，多选用肉质细嫩、腥异味少的肉类原料，如小牛肉、小羊肉、鸡肉、猪肉、鱼类等。

6. 菜肴示例

白汁烩鸡（chicken fricassée）

【原料】（成品4人份）带骨鸡件4份（鸡胸或鸡腿，150～200克/份），黄油40克，面粉40克，洋葱碎80克，白色基础汤1500毫升，蛋黄1个，奶油150毫升，香料束1束，蘑菇120克，小洋葱120克，黄油米饭、时令蔬菜、盐和胡椒粉适量。

【设备器具】砧板、不锈钢方盘、不锈钢份数盆、少司汁盅、吸水纸、硅油纸、细孔滤网、盛菜菜盘、煎铲、木搅板、蛋抽、平底煎锅、厚底少司锅、烤箱等。

【制作方法】

（1）将鸡件切成大块。制作黄油米饭和时令蔬菜备用。蛋黄和奶油调匀。

（2）蘑菇和小洋葱放入煎锅中，加水和黄油淹没，用硅油纸加盖密封，煮至水分将干、发亮时备用。

（3）厚底少司锅中加黄油烧化，鸡肉块撒盐和胡椒粉，煎定型后取出备用。

（4）锅内加洋葱碎炒香，加面粉炒匀，再加白色基础汤煮沸，加盐和胡椒粉调味，放入鸡肉块，加盖烩30分钟。待鸡肉熟透后，取出保温备用。

（5）烩汁中加入蛋黄奶油汁煮稠，加蘑菇和小洋葱烩入味，调味成少司。

（6）鸡肉装盘，淋汁配黄油米饭和时令蔬菜即成。

【技术要点】

（1）小火煎鸡肉，定型不上色，保证成菜清爽。

（2）少司浓稠适度，也可以用牛奶代替淡奶油，风味亦佳。

（3）辅料中可以加入炒香的红椒丁、青椒丁、节瓜丁等，增加色彩和装饰。

【质量标准】色泽乳白，鸡肉细嫩，少司醇香味厚，奶油味香浓。

【酒水搭配】适宜搭配各种浓郁香型的白葡萄酒。

拓展与思考

（1）西式烹调中常见的煎、炸、炒等方法与中式烹调有什么区别和联系？

（2）西式烹调中的煮、焖、烩、炖等烹调方法与中式烹调有什么区别和联系？

（3）西式烹调中的低温真空煮方法与西式烹调常规的煮、焖、烩、炖等烹调方法相比较，有什么区别和联系？应用中有什么注意事项？

（4）西式烹调常用烹调方法的特点和工艺流程是什么？有哪些代表菜例？

（5）现代西式烹调方法的流行趋势是什么？有什么特点？

（6）以某个代表菜肴为例，用中英文写出常见西式烹调的制作工艺，包括配方、制作方法、技术要点和应用范围。

第七章

西式宴会设计与应用

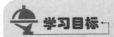

学习目标

　　学习西式宴会的概念、种类和特点；熟悉西式宴会的运作和管理理念；熟悉西式宴会的设计原则；掌握不同类型西式宴会菜单的设计方法。

一、概述

（一）西式宴会的概念

　　西式宴会就是按照西方人的饮食生活习惯和礼节，食用西式烹调方法制作的系列组合菜肴，饮用采用西方人制作方法的酒水饮料，使用西式餐具的用餐方式。

西餐菜单设计

（二）西式宴会的分类

1. 套餐

　　套餐是西方人传统的用餐形式，它包含正式宴会（国宴、商务宴请、重要庆典等）、朋友聚会、家庭用餐等形式。

2. 自助餐

　　自助餐是目前国际上流行的一种非正式的西式宴会。

　　自助餐的形式由餐前冷食、早餐逐渐发展成为午餐、正餐；由便餐发展到各种主题自助餐，如情人节自助餐、圣诞节自助餐、周末家庭自助餐、庆典自助餐、婚礼自助餐、美食节自助餐等；按供应方式，由传统的食客到自助餐台取食成品菜肴，发展到在食客面前进行现场烹制、现烹现食，甚至还发展为由食客自助选取食材原料，自烹自食"自制式"自助餐，可谓五花八门，丰富多彩。

3. 鸡尾酒会

　　鸡尾酒会是西方传统的以聚会交往为目的的社交活动形式，通常伴随一些比较隆重的活动，又称为招待酒会，通常安排在正式宴会之前举行，主题鲜明，形式多样，如开

幕典礼、庆功酒会、品牌发布会、商业聚会和私人聚会等。

（三）西方人的用餐习惯

1. 用餐方式

西方人的用餐方式为分餐制，无论是套餐、自助餐还是鸡尾酒会，都是每人独自享用属于自己的美味珍馐。

餐桌大都采用长方形的桌子，配上样式相同的椅子，用餐人面对面相对而坐。

2. 使用餐具

西餐用餐时通常使用刀、叉、勺和瓷器作为餐具，刀、叉、勺主要为银质和不锈钢制品。酒水饮料器皿大都采用水晶和玻璃制品。

3. 餐具的摆放方法

（1）摆在食客餐位中央的瓷盘餐具被称为展示盘，餐巾置于展示盘的上面或左侧。

（2）盘子右边摆刀、汤匙，左边摆叉子。

（3）玻璃杯摆右上角，最大的是装水用的高脚杯，次之为红葡萄酒杯，而细长的玻璃杯供饮白葡萄酒所用，视情况也会摆上香槟或雪莉酒所用的玻璃杯。

（4）面包盘和黄油刀置于左手边，展示盘对面则放咖啡或吃点心所用的小汤匙和叉。

4. 刀叉的使用方法

（1）西餐进餐时一般以右手拿刀，左手拿叉。如果用左手拿叉不方便，也可以使用右手。

（2）通常是吃什么菜肴配与之对应的专用刀、叉、勺，由外侧至里侧按顺序使用，使用方法可依照上菜顺序：开胃菜、汤菜、副菜或鱼菜、主菜（肉类或禽类）、甜点。

（3）用餐中，有事离席时，宜把刀叉摆成八字形放在餐盘上，暗示服务人员不撤掉餐具，马上回来继续用餐，用餐结束后，则是把刀叉平行地斜放在盘上一侧。

5. 西餐的用餐礼仪

西方用餐礼仪起源于法国梅罗文加王朝，由于受到拜占庭文化启发，制定了一系列精致的礼仪。到了罗马帝国的查里曼大帝时，礼仪更为复杂而专制，皇帝必须坐最高的椅子，每当乐声响起时，王公贵族必须将菜肴传到皇帝手中。在17世纪以前，传统习惯是戴着帽子进餐。

不同民族有不一样的用餐习惯：高卢人坐着用餐，罗马人卧着进餐，法国人从小被教导用餐时双手要放在桌上，但是英国人却被教导不吃东西时双手要放在大腿上。欧洲的餐桌礼仪由骑士精神演变而来。12世纪，当意大利文化影响到法国时，餐桌礼仪与菜单用语变得更为优雅与精致。时至今日，餐桌礼仪在一定程度和一定范围内，在欧洲国家还保留了下来。当你参加正式宴请时，要穿上正装，女士要化妆，言谈举止要显现出优雅与涵养，如果参加私人宴会还应携带适当的礼物。

二、西式宴会的起源与特点

（一）套餐

1. 起源

15 世纪中叶，欧洲文艺复兴时期，西餐同文艺一样，以意大利为中心发展起来。1533 年，凯瑟琳·德·美第奇公主从意大利带了许多随行人员，包括烹调师、仆人、种菜及饲养家畜的农人、设计炉灶的工匠等，并将经过文艺复兴时期洗礼的饮食文化带入法国。促使法国的餐饮风格开始了明显的改变，法国宫廷开始使用刀叉，并形成完整的用餐方式。

2. 特点

正式宴请均为套餐形式，用餐要求按顺序上菜，依次是开胃菜、汤菜、副菜或鱼菜、主菜（肉类或禽类）、甜点，通常是 5～7 道菜，传统的法式宴会多达十几道菜肴。

3. 用餐时间

套餐用餐时间主要为中午和晚上，通常是 11:30 至 14:00 和 18:30 至 22:00，中午用餐时间较短为 1～1.5 小时，晚餐通常是 2～3 小时。

（二）自助餐

1. 起源

自助餐，真正起源于 8～11 世纪北欧的斯堪的纳维亚半岛，那时北欧海盗横行，海盗们每当有所猎获的时候，就要由海盗头头出面预备酒饭，狂吃狂饮，以示庆贺。但海盗们不熟悉也不习惯当时中西欧吃西餐的繁文缛节，于是便独出心裁，发明了这种自己到餐台上自选、自取菜肴及酒水饮料的吃法，以至现在很多自助餐厅还冠以"海盗餐厅"的名字。

后来餐饮工作者将自助餐用餐方式文明化、规范化，并丰富了菜肴的内容，特别是在第二次世界大战时，自助餐被引入美军的军用食堂，这种自助挑选的就餐形式，随着美国在世界的影响力迅速扩大，渐渐为世界各地的人们所认可。

2. 特点

自助餐是目前国际上所流行的一种非正式的西式宴会，在大型的商务活动中尤为多见。它的具体做法是，由就餐者自由地在用餐时自行选择菜肴、饮料，然后或立或坐，

自由地与他人在一起或是独自一人用餐。

3. 用餐时间

自助餐的用餐时间很随意，早、中、晚均可，甚至还有 24 小时营业的自助餐厅供食客随时享用各种美食。

（三）鸡尾酒会

1. 起源

鸡尾酒会起源于近代西方，在西方，鸡尾酒会是一个很普遍的社交方式，多数是一些有时间、有精力、有财力的主妇，每周在家里举办，以达到联络感情的目的。在东方，鸡尾酒会就相对比较隆重豪华，一般都是比较正式的场合，也是一些社会名人经常出没的场合。

2. 特点

鸡尾酒会以酒水为主，菜肴从简，只有各种小吃、点心和开胃菜等，这些制作精美、味道上乘的菜肴大都体积较小，一般用牙签穿起来，便于食用，没有穿牙签的菜肴，可用手直接去拿或用小盘盛取，用叉子叉取食用。

鸡尾酒会一般不设置座位，为了促进更好地交流，人们可随意走动。其间会有服务人员手捧托盘，在人群中穿梭，为食客提供精致的菜肴和丰富的酒类饮料。

鸡尾酒会发展到现在，已经成为一种上流社会和时尚前沿不可缺少的社交文化。

3. 用餐时间

鸡尾酒会大都于 16:00 或 18:30 或重要活动之前举行，一般持续 1~2 小时。

三、西式宴会的内容

（一）套餐

1. 菜单

套餐菜单通常每人一份，把所有菜肴的名称都清晰列上，并注明每道菜肴的原材料和制作方法。

2. 服务

各国套餐服务的方式有所不同，主要流行的是法式服务、英式服务、俄式服务和美式服务。

3. 礼仪

套餐礼仪讲究穿着得体，男士要穿戴整洁，穿正装，打领带或打领结，女士要穿晚礼服或套装和有跟的鞋子，并要化妆。

举止要文雅，坐姿要端正，说话要低声细语，用餐时不能发出声音，做到彬彬有礼。

（二）自助餐

1. 菜单

自助餐的菜单通常由烹调师制定完毕后由厨房自己保存，并按照菜单出品菜肴，没有展示给食客看的菜单，而是在每个菜肴前面摆一个菜牌，标示出菜肴的名称和主要原材料。

2. 服务

自助餐顾名思义是食客自我服务，自己拿取菜肴和酒水饮料，服务人员只负责引领食客、清洁台面和添加菜肴。

3. 礼仪

自助餐的礼仪主要是指在以就餐者的身份参加自助餐时，需要遵循的礼仪规范，通常涉及以下四点：

（1）要排队取菜。自觉地维护公共秩序，在取菜之前，先要准备好一只盘子。轮到自己取菜时，应使用公用的餐具。

（2）要循序取菜。按照常识，参加一般的自助餐时，取菜时的先后顺序，依次为冷菜、汤菜、热菜、点心、甜点和水果。

（3）要量力而行。根据本人的口味选取菜肴，切勿盲目过多地取菜肴，避免造成浪费。

（4）不容许外带。所有的自助餐都有一条不成文的规定，只许在现场享用不许外带。

（三）鸡尾酒会

1. 菜单

鸡尾酒会菜单与自助餐的菜单一样，通常由烹调师制定完毕后由厨房自己保存，并按照菜单出品菜肴，没有展示给食客看的菜单，通常是在每个菜肴前面摆一个菜牌，标示出菜肴的名称和主要原材料。

2. 服务

鸡尾酒会的服务是由服务人员手捧托盘，上面有精美的菜肴和各式酒水饮料，在人群中穿梭，由食客自选和自助式服务相结合。

3. 礼仪

鸡尾酒会的礼仪既有套餐的成分又有自助餐的特点，因为它要求通常在正式宴会之

前或重要活动时举行，所以对穿戴和举止的要求和正式宴会（套餐）的要求一致，但又因为用餐形式和自助餐相似，用餐礼仪和自助餐一样。

四、西式宴会的发展趋势与潮流动向

西式宴会经历了很长的发展史，随着世界发展的迅猛潮流必将不断改进和发展。现代人们的生活理念与过去产生了极大的变化，这就要求餐饮从业者把握潮流发展动向，分析社会发展趋势，了解人们最新的饮食需求。

（一）套餐

1. 传统形式

传统套餐的特点是注重礼仪、菜肴丰富、服务烦琐、用餐时间长。在特定的情况下这种用餐方式还是有一定市场的，如正式的招待宴会、商务宴请、节日庆典、家庭宴会等。但随着人们生活节奏的加快，这种用餐方式正逐渐产生变化，朝着简约的方向发展。

2. 流行趋势

（1）菜肴内容产生的变化。随着人们追求健康饮食和环保意识的增长，以动物性原材料为主的菜肴受到越来越多人的冷落，人们喜欢低油、低盐、低糖、低脂的菜肴，清淡的素食受到普遍欢迎，所以套餐的菜肴也朝着追求营养健康的方向发展。

（2）菜肴数量产生的变化。进入简约时代，宴会套餐菜肴品种由原来的十几道，现在已减到五六道，而美国的国宴现在也只有四道菜肴。以原国家主席胡锦涛2011年1月访问美国为例，美国前总统奥巴马2011年1月19日在白宫为他到访举行的欢迎宴会，晚宴以美国菜为主，其中包括缅因州水煮龙虾、肉眼牛排配脆洋葱、奶油菠菜配土豆、苹果派配香草冰淇淋，仅仅四个菜。现在许多商务宴请也就三道菜，一个沙拉、一个主菜、一个甜点，非常简单。这样用餐省下了许多烦琐的服务和程序，同时也缩短了用餐时间。

（二）自助餐

1. 传统形式

最早的自助餐菜肴品种并不丰富，只有一些简单的菜肴和几种酒水，餐具也十分简单，甚至用匕首分割肉类，用手拿菜肴直接食用。随着社会进步，它逐步完善和发展，特别是第二次世界大战时，自助餐形式被广泛引进入美军后方驻地的军用食堂，其内容已大大超出原来的范畴，发展成冷菜、热汤、热菜、主食、甜点等供食客挑选的自由就餐形式。战后，美国风情成为一种消费形式的招徕品，这种美式自助餐随着一些世界连锁五星级酒店向香港、东南亚等地进驻，而被广泛地推广，近年在中国也成为一种时尚饮食文化，各种形式、不同风格的自助餐层出不穷，受到普遍欢迎。

2. 流行趋势

自助餐的发展趋势与套餐的发展趋势正好相反，套餐是由繁到简，自助餐则是由简至繁。由于自助餐的便捷、价格合理、用餐气氛轻松备受广大消费者的欢迎，餐饮企业相互竞争，也使自助餐的菜肴、酒水饮料品种极大地丰富，经营方式也各种各样，服务标准也有很大提升。

（1）菜肴和酒水品种的丰富给食客更多的选择。从前，自助餐的菜肴主要是西式菜肴，由于要适应本地市场，世界各地的自助餐都兴起风味大融合，各种风味的菜肴都加入自助餐的出品中，风靡全球的国际复合式自助餐厅模式正在迅速发展。在这种风格的餐厅里，不仅能吃到西式、中式的美食，还能品尝到日式、韩式、东南亚、印度，甚至阿拉伯地区的菜肴，菜肴品种多达 400 多种，酒水包括红酒、白葡萄酒、烈性酒、啤酒、鸡尾酒、软饮、咖啡、茶、果汁等。

（2）经营方式也产生了极大变化，目前基本有以下四种经营方式：

第一种是传统的经营方式，就是各种制作好的菜肴摆放在自助餐台上由食客自取，有一两名烹调师现场为食客制作一些简单的菜肴或将烤好的肉类切片装盘。

第二种是开放式厨房自助餐，也是现在最流行的经营方式，就是把一部分厨房搬到了餐厅，除一小部分菜肴在后面的厨房加工，大多数菜肴都是当着食客面现场加工，如比萨饼的烤箱就在餐厅里，由烹调师现烤现切，让食客第一时间吃到刚出炉的比萨饼。这样的经营方式能充分满足食客的个人需求，烹调师可根据食客当面提出的口味要求为食客量身制作，让食客有在家用餐的感觉。

第三种是零点式自助餐，就是由餐饮经营企业规定消费价格，食客在菜单里选择自己喜欢的菜肴，由服务员通知厨房制作，并由服务员把菜肴送到桌上，只要不浪费，菜肴的数量不限量，这种方式主要在日式餐厅流行。

第四种是食客自己加工菜肴供自己享用的形式，就是除冷菜、甜点、主食以外，部分菜肴的原材料由食客自己挑选后，由食客在餐厅里自己加工成熟后自己享用。这种形式通常在经营韩式烧烤、中式火锅的餐厅中采用。

（三）鸡尾酒会

1. 传统形式

鸡尾酒会是一种既经济简便又轻松活泼的招待形式，是欧美人传统的社交方式，一直沿用至今，并在人们社交活动方式中占有重要地位，常为社会团体或个人举行节日纪念和生日庆祝，或联络和增进感情而用。它是便宴的一种形式，会上不设正餐，只是略备酒水、点心、菜肴等，而且多以冷味为主。

2. 流行趋势

从某种意义上说，鸡尾酒会的交际意义远远大于鸡尾酒会的饮食意义。展示个人魅力，促进社交成功，是酒会的主要目的之一。

何时到场参加一般可由食客自己掌握，不一定非要准时到场。参加鸡尾酒会，穿着随意，只要做到端庄大方、干净整洁即可，就餐采用自选方式，食客可根据自己口味偏好去餐台和酒吧选择自己需要的点心、菜肴和酒水，酒会上，用餐者一般均须站立，没有固定的席位和座次，由于不设座位，酒会的形式有较强的流动性，食客之间可自由组合，随意交谈，气氛轻松自由，因而备受中青年用餐者喜爱，在东方，鸡尾酒会具有以下几个流行趋势：

（1）突出装饰。以往鸡尾酒会的布置很简单，摆放基本相同，目的主要是社交，现在扩展至许多庆典活动，各类形式的庆典活动都喜欢采取鸡尾酒会的形式，如庆功会、公司开业庆典、活动启动仪式、新闻发布会等。这种主题酒会通常要营造出与之相承托的气氛，主要是在装饰布置上下功夫，从灯光、装饰物、布景、音乐甚至菜肴的颜色样式都与之呼应。例如，每年的12月1日预示西方人的圣诞节快要开始，一些酒店要举行圣诞节点灯仪式，同时举行鸡尾酒会以示庆贺，这天要在酒店大堂搭起美丽的圣诞树，上面缠绕串灯，树下放各样的圣诞礼盒，搭建被白雪覆盖的圣诞小屋，音响里播放着圣诞歌曲，准备的菜肴也都是圣诞节的特色菜肴，总之一切都与圣诞节有关。

（2）酒水品种增加。鸡尾酒会从名字上看就知道是酒水品种丰富，菜肴简单。鸡尾酒会上的酒品分为两类，含酒精的饮料和不含酒精的饮料。鸡尾酒会提供的酒精饮料可以是雪利酒、香槟酒、红葡萄酒和白葡萄酒，也可提供一种混合葡萄酒，以及各种烈性酒和开胃酒。而所谓鸡尾酒，主要由酒底一般以蒸馏酒为主和鸡蛋、冰块、糖等两种或两种以上辅助材料调制而成的混合饮品。鸡尾酒具有口味独特、色泽鲜明的特点，能够增进食欲。不含乙醇的饮料，如番茄汁、果汁、可乐、矿泉水等。

（3）菜肴品种增加。现代鸡尾酒会的发展趋势不仅是酒水品种的增加，菜肴品种和风味也产生了巨大的变化。以往全是西式菜肴，以冷食为主，后来增加了一些简单的油炸菜肴和煎制菜肴，现在仅热菜的品种就有几十个品种，还增加了许多亚洲风味菜肴，如马来沙爹串、中式炸春卷、日式寿司、泰国虾饼等。在亚洲，许多高档的鸡尾酒会的菜肴品种基本和普通的自助餐品种不相上下，品种有冷菜、汤菜、热菜、主食、甜点、水果，应有尽有，只是不像自助餐那样坐着用餐而已。

五、西式宴会设计

（一）西式宴会设计的概念

西式宴会设计是根据食客的要求和承办餐饮企业的物质条件及烹调师的技术水平，对宴会场景布置、宴会台面摆放、宴会菜单及宴会服务程序等进行统筹规划，并拟出具体实施方案和工作细则。

（二）西式宴会设计的作用

1. 计划作用

西式宴会设计就是整体西式宴会活动的策划书，它对宴会活动的内容、程序、形式等起到了计划的作用。

2. 规范作用

宴会设计具有规范宴会工作人员的操作行为和服务工作的作用。经宴会设计产生的实施方案，对于制作和服务过程而言，就是具有高度约束力的技术性文件。

3. 良好品质的保证作用

宴会设计方案对宴会完美举行是坚实的保障，也是检查出品质量的标准。实施方案和工作细则将出品工作落实到了实处，各环节如果按照设计要求实施，宴会的品质就有了良好的保证。

（三）西式宴会设计的要求

1. 突出主题

根据设想内容，突出宴会主题，是宴会设计成功的保证。例如，情人节举行的宴会，就要在每个细节都体现出浪漫的色彩，粉红的台布、温柔的灯光、艳丽的玫瑰花、温馨的红酒、可口的佳肴、甜蜜的巧克力，从而构成二人幸福的世界，突出爱情的主题。

2. 强调特色

特色是西式宴会设计时必须强调的，要系统地体现出来，如台面设计、菜肴出品、酒水、服务、娱乐场景布局。

3. 安全性

安全是第一重要的，西式宴会设计时要考虑食品安全和人身安全及财产安全。

4. 环境高雅

西式宴会的环境设计一定要体现品味。西方人非常重视用餐气氛，宴会场所、餐厅布置、台面设计乃至服务人员的装束，都包含着许多美学的内容。西式宴会设计就是将这些涉及的审美因素有机地组合，达到高雅美观的要求。

5. 经济效益

西式宴会要根据既定利润要求进行设计，成本是可随宴会的目的而变动的。

（四）西式宴会设计的内容

1. 场景设计

西式宴会环境包括大环境和小环境两种，大环境就是宴会所处的场所，如古堡、海滨、游艇等。小环境就是指宴会举办的场地。宴会场景设计就是利用灯光、色彩、装饰物、音响等为食客创造出一种理想的宴会氛围，西式宴会场景设计对宴会主题的渲染和衬托具有举足轻重的作用。

2. 台面设计

台面设计要与场景设计相配合，起到烘托气氛、突出主题、表明宴会档次的作用。可以借助装饰品深化意境。西式宴会台面通常是方形、长条形、半圆形等，上面摆设西式餐具、酒具、烛台、花瓶、调料瓶、牙签瓶、口布等。要按宴会的主题、菜单和酒水特点、美观性的要求及卫生要求进行设计。

3. 菜单设计

西式宴会菜单是宴会设计的灵魂，要以用餐标准、食客需要，结合烹调师的技术水平制定菜单。菜单设计要搭配合理，考虑菜肴的营养、味型、色泽、烹调方法等诸多因素。宴会菜单是为某种社交活动而设计的，宴会的组织者目的多样、形式多样，要依据食客的意见安排合适的菜点内容。按价格等级可分为高档宴会、中档宴会、普通宴会；按宴会的形式可分为国宴、商务宴、家宴等；按目的可分为婚宴、庆典宴、迎送宴、生日宴等，宴会菜单则要依据不同的宴会形式确定。

4. 酒水设计

（1）酒水的档次与用餐标准相匹配。
（2）西式宴会用酒通常选用红、白葡萄酒及烈酒、香槟酒、啤酒、鸡尾酒等。无乙醇饮料通常选用鲜榨果蔬汁、苏打水、碳酸饮料、矿泉水等。

5. 服务及程序设计

服务及程序设计要根据宴会要求及特色安排服务形式，与菜肴风味保持一致，如吃法式菜肴就要采取法式服务，西餐服务主要有法式服务、英式服务、俄式服务和美式服务。

6. 安全设计

安全设计要从几个方面考虑：人身安全、食品安全、财产安全。要根据举办场地的面积确定参加宴会的人数，重要宴会要制定安保措施及配置安保人员，生产过程要严格遵守食品卫生法进行操作。

7. 宴会音乐设计

西式宴会的音乐有现场表演和背景音乐两种形式，高档宴会都是现场表演，如钢琴、小提琴、萨克斯独奏等或小型乐队演奏。普通宴会则采用背景音乐形式，通过声音的传播影响食客的心理，可以产生对宴会预期的遐想意境，背景音乐要轻松柔和，其音量的大小控制以不影响人们轻声交谈为宜。

六、西式宴会菜单总体设计的理念

（一）西式宴会菜单的作用

菜单的作用就是让食客了解菜肴的原材料、制作方法及口味。

（二）西式宴会菜单的类型

1. 食客可直观的整体宴会菜单

食客可直观的整体宴会菜单是把宴会的全部菜肴名称都写在各种样式漂亮的纸上，放在餐桌上，每位食客一份，使食客非常清晰地知道当下能吃到哪些美味佳肴。这种菜单用于套餐使用，适用于各种高中档宴会。古罗马时期贵族宴会是把菜名写在羊皮纸上，而后是手写在纸上，现代大都采用打印方式。

2. 食客可直观的单体菜肴菜单

食客可直观的单体菜肴菜单是指由厨师长制定的宴会菜单，把单体菜肴的名称放在制作好的菜肴的前面，食客可直接看到名称和实物。这种菜单适用于自助餐和鸡尾酒会。

（三）西式宴会菜单的设计原则

1. 全面性

设计宴会菜单时一定要将主要菜肴类型安排进去，西式宴会菜单的菜肴结构由冷菜（开胃菜和沙拉）、汤菜、热菜（鱼类、畜肉类、禽类）、蔬菜配菜、甜点等类型的菜肴组成。

（1）冷菜。通常造型美观、样式清新、口味清淡、形态各异，在第一时间吸引食客。菜肴出品量不能过大，口味不能过浓，要为后面的主菜做铺垫，要求质精味美、色泽美观、诱人食欲。

（2）汤菜。西餐的汤菜种类繁多，西方人非常重视汤菜的口味，主要分清汤、浓汤、蔬菜汤等，汤菜应和整套菜肴相搭配。

（3）热菜。西式宴会的热菜以鱼类、家畜类和家禽类菜肴为主，通常由作为副菜的鱼类和作为主菜的畜肉类或禽类菜肴组成。根据宴会的规格要求，可以只安排一道鱼类主菜，或者一道肉类主菜，或者先上一道鱼类主菜，再上一道肉类主菜。通常所有西餐使用的动物性原料都要去骨或去壳，用净肉制作菜肴。要求刀工细腻，烹调方法多样化，色、香、味、形俱佳，现烹现吃，烹制过程复杂。

（4）蔬菜配菜。西式宴会的菜肴设计中，一定要注意合理的营养搭配，不能仅有单一的肉类主料，在一道设计合理的主菜中，应该含有多种营养元素，如蛋白质（肉类）、碳水化合物（各种淀粉质的蔬菜或米面原料）、维生素（各类时令蔬菜）、水分（少司）等。因此作为搭配肉类主料的蔬菜，在选用时，一是注意时令菜，二是取其精华，三是制作方法不要太复杂，最大限度地保持自身味道和营养价值。

（5）甜点。甜点是西餐烹调的一朵奇葩，在西式菜肴中占有重要地位，其品种丰富，造型优美高雅，颜色鲜艳，口味独特，宴会甜点品种可视季节和其他菜肴而定，并结合宴会档次综合考虑。

2. 平衡性

在制定西式宴会菜单时，必须考虑的是整个菜单内容的平衡性，主要有以下几方面：

（1）原材料品种平衡。在菜单中使用的原材料要注意荤素的搭配、水产品与肉类的搭配、蔬菜菜种的搭配，总之要涉及面广，尽量不重复使用某一种原材料。

（2）烹调技法的多样化。设计菜单时要注意制作菜肴的方法多样化，要尽量采用不同的烹调方法，如烤、煎、焯、焖等，加工原材料时也要运用各种技法，如切丝、条、片、块等，每道菜之间运用的各种加工技法和烹调方法都要有所不同。

（3）口味不能重叠。不同口味是食客用餐的基本需求，一套菜单的各个菜肴要有不同的口味，如黑椒味、奶油味、咸鲜味、柠檬味、黄油味、芥末味等，绝不能一种味道反复出现。

（4）色彩纷呈。菜肴之间的颜色也要有所考虑，要有红色、绿色、黄色、白色等，不同颜色的菜肴相互搭配才能算是完美的菜单，在生活中衣着穿戴颜色反差大会很不协调，但是菜肴的颜色搭配反差越大越能显现出绚丽多彩。

七、西式早餐与菜单设计

（一）西式早餐的特点

西式早餐在西式烹调中占有很重要的位置，西式早餐无论是菜肴的品种和自助餐的摆放早已形成较为固定的模式，世界各地的西式早餐都无出其右。

西方人对早餐十分重视，他们认为营养丰富的早餐对健康非常有利，同时美味的早餐能给新的一天带来好的心情。在英国，把早餐称为"大早餐"（big breakfast），虽有些夸张，但这足以说明早餐在人们心中的分量。

西式早餐菜肴的品种非常丰富，营养搭配合理，烹调技法多种多样，同时广泛地采用各种类型的原材料用于早餐的制作，其中包括肉类、乳制品、谷类、鱼类、蔬菜、水果等，无所不及。与此同时，西式早餐的饮品品种也很多，咖啡、茶、热巧克力、果汁等应有尽有，这也是西式早餐的一大特点，它和菜肴在营养成分上相互补充，组合成营养全面的综合早餐。

（二）西式早餐的分类

西式早餐因供应的菜肴和服务形式的不同，可分为零点式早餐（breakfast à la carte）、套餐式早餐（breakfast package）和自助式早餐（breakfast buffet）。

1. 零点式早餐

零点式早餐就是把各式早餐菜肴印在菜单上由食客自选，它包括传统的西式早餐，如鸡蛋类菜肴、燕麦粥、煎早餐火腿、华夫饼、西式煎饼、煎早餐牛排等，以及饮品，如热巧克力、热牛奶、热米露（麦乳精）、咖啡、茶、鲜果汁等。一般情况下还要把具有地方特点的早餐菜肴选入自选菜单内以照顾食客的需要。早餐零点菜单上的菜肴品种不会太多。

2. 套餐式早餐

套餐式早餐又可分为美式早餐和欧陆式早餐两种。

（1）美式早餐（American breakfast）。美式早餐起源于英国，大批的英国移民把英国的饮食习惯带到美国，同时结合当地的物产，以及现代健康饮食的理念，创造出引领早餐时尚的美式早餐。其特点是：品种丰富，搭配合理，注重营养，它以套餐的形式提供给食客，由食客从中自选。其中包括鸡蛋类制品（蛋卷、炒蛋、煎蛋、水波蛋等）、谷类制品（玉米片、卜卜米、全麦丝、燕麦片等）、肉类制品（培根、早餐肠、火腿、冷切肠等）、水果（鲜水果、干水果、糖水烩水果）、面包（牛角包、丹麦包、吐司面包、全麦包等）、薯类制品和蔬菜以及奶酪、鲜果汁、酸奶、牛奶、咖啡、果酱、黄油、茶等。这些菜肴和饮品食客可根据喜好自由选择搭配。

（2）欧陆式早餐（continental breakfast）。欧陆式早餐与美式早餐相比相对比较简单，其特点是：品种少，简捷方便，以各式面包为主，它以套餐的形式提供给食客，由食客从中自选。其中包括牛角包、丹麦包、吐司面包、全麦面包、软面包、硬面包、奶酪、冷切肠、鲜水果、黄油、果酱、牛奶、咖啡、茶等。这些菜肴和饮品由食客根据喜好自由选择搭配。

3. 自助式早餐

自助餐是食客自己到餐台上自选、自取菜肴，然后回到座位上用餐的一种自我服务的就餐形式。这种餐饮的形式无论在国际和国内目前都很流行，绝大多数酒店的早餐均采用这种形式，它以形式自由，品种丰富、服务简单，价格合理，环境优雅，气氛清新而受到消费者的喜爱。

各种形式的自助餐在世界各地受到普遍欢迎，而自助式早餐更能体现出自助餐的这些特点，它的品种极其丰富，营养搭配非常合理，烹调手法多种多样。自助式早餐的菜肴和饮品按西方人吃早餐的饮食习惯摆放，大致可分为以下区域：

（1）果汁区域，包括苹果汁、橙汁、番茄汁、菠萝汁、西柚汁等。

（2）奶品区域，包括鲜牛奶、脱脂牛奶、原味酸奶、果味酸奶、巧克力奶等。

（3）健康菜肴区域，包括各种谷类制品、各种干果、各种坚果、时令鲜果、各种蔬菜沙拉及沙拉汁、各种糖水烩水果、水果燕麦糊等。

（4）黄油和果酱区域，包括黄油、植物黄油、草莓酱、苹果酱、杏酱、橙酱、蓝莓酱、蜂蜜等。

（5）冷切肠和奶酪区域，包括鸡冷切肠、各式里昂冷切肠、萨拉米肠、风干火腿、各式奶酪盘等。

（6）热菜区域，包括烤培根、煎各式早餐肠、煎火腿、焗豆、土豆制品、法式煎面包、扒番茄、西式煎饼、华夫饼、水波蛋、煮鸡蛋、黄油时蔬等。

（7）现场制作鸡蛋制品，包括一面煎鸡蛋、两面煎鸡蛋，各式蛋卷、炒鸡蛋。

（8）面包区域，包括吐司面包片、全麦包、黑麦包、各式牛角包、各式丹麦包、多纳圈、软面包、硬面包等。

另外还由服务员为食客提供倒咖啡、茶、热巧克力饮料等服务。

自助式早餐的摆放形式在世界各地的国际化酒店是通用的，只是会在品种上有所变化。国内有些针对本地旅游市场的酒店开发出中式自助式早餐也很受欢迎。

（三）西式早餐菜单的设计

西式早餐的菜肴很多是多年流传下来的传统菜肴，在设计时必须把它们安排进去，特别是美式早餐和欧陆式早餐是固定模式的，零点菜单和自助餐菜单要根据本地市场的特点加入地方菜肴。

1. 零点式早餐

设计零点式早餐菜单时，要将传统的西式早餐菜肴及具有风味特点的早餐菜肴选入自选菜单内，主要看市场需求，目前国内的酒店都会把一些中式菜肴或亚洲其他国家的菜肴充实到早餐菜单里面，通常早餐零点菜单上的菜肴品种不要太多，下面是国际联号的超五星级酒店的早餐零点菜单。

Breakfast

available from 6:00am. - 11:00am.
please touch the service express button on your phone.

Cereals

corn flakes, coco pops, sultana bran, weet bix, toasted muesli, rice crispies, bircher muesli, oat meal porridge

served with your choice of fruit or natural yoghurt and either full cream milk, low fat milk or soy milk.

oat meal porridge

早餐

早餐供应时间 6:00～11:00。
如需服务请拨打房间电话上的服务键。

谷类食品

玉米切片、可可米花、葡萄麦麸、健康麦饼、烘烤麦片、脆米、瑞士麦片、燕麦粥

根据阁下的选择可配以水果或原味酸奶，以及全脂牛奶、低脂牛奶或豆浆中的一款。

燕麦粥

served with brown sugar honey hot or cold milk

提供黄糖、蜂蜜、热或冻牛奶

bircher muesli

瑞士麦片

with dried fruits and nuts

配以干果和坚果

Fruit compotes

水果拼盘

peach，pear，apricot，& mixed berry

桃子、梨、杏和浆果

Bakery corner

面包精选

assorted danish pastries 3pcs

多种丹麦包（3个）

flaky buttery croissant plain or almond 3pcs

原味或杏仁口味牛角面包（3个）

home made muffins or doughnuts 3pcs

自制松饼或面包圈（3个）

assorted soft，hard，rye，wheat，whole or
multigrain rolls or bread 3pcs

各式软、硬、黑麦、小麦、全麦或
杂粮面包卷或面包（3个）

cinnamon and raisin buns with lemon butter cream
2pcs

肉桂葡萄面包配柠檬奶油（2个）

Eggs and more

鸡蛋精选

2 eggs any style

2枚鸡蛋任选

served with grilled tomato，pork sausage，bacon,
hash browns & mushrooms

配以烤番茄、猪肉香肠、熏肉培
根、马铃薯饼和蘑菇

scrambled in a warm bagel with your choice of ham
or smoked salmon

配百吉饼、可选火腿或烟熏三文鱼

soft rolled 3 egg omelet

三枚煎蛋卷

chicken，ham，onion，tomato，mushroom,
olives，herbs，swiss or cheddar cheese

鸡肉、火腿、洋葱、番茄、蘑菇、
橄榄、香草、瑞士或切达干酪

served with grilled tomato & hash brown

提供烤番茄和马铃薯饼

whipped egg white omelet

煎蛋白鸡蛋卷

broccoli and cheddar，tomatoes，hash brown
potatoes and organic greens

西蓝花、切达干酪、番茄、马铃薯
饼和有机蔬菜

Ideas on the side

配菜

grilled bacon

熏培根

sautéed mushrooms with pesto

罗勒酱炒蘑菇

hash brown potatoes

煎马铃薯饼

pork sausages   煎猪肉肠

baked beans in rich tomato sauce   番茄汁焗豆

mixed green leaf salad，chefs dressing   混合蔬菜沙拉，大厨特选沙拉酱

Bagel and Philly cream cheese   百吉饼和奶油芝士

Asian flavors   **亚洲精选**

plain rice congee with your preferred selection of beef，chicken，fish，pork，century egg，salted egg，fried bread stick，vegetable pickles   白米粥配以下选择：牛肉、鸡肉、鱼肉、猪肉、皮蛋、咸蛋、油条、酱菜

wonton noodle soup   馄饨汤面

egg noodles with pork and prawn dumplings 鸡蛋面配以猪肉及虾馅馄饨

Coffee   **咖啡**

coffee   咖啡

espresso   特浓咖啡

double espresso   双份特浓咖啡

macchiato   摩卡咖啡

decaffeinated   无咖啡因咖啡

Tea and infusion   **茶和泡制**

Darjeeling   大吉岭茶

Earl grey   伯爵茶

English breakfast   英式早餐茶

jasmine   茉莉花茶

Osmanthus Long Jing   桂花龙井茶

Royal Puer   皇家普洱茶

green Tea   绿茶

Dongding oolong   洞顶乌龙茶

camomile   洋甘菊

peppermint   薄荷茶

Hot beverage   **热饮**

hot milk   热牛奶

hot chocolate   热巧克力

2．套餐式早餐

1）美式早餐

　　美式早餐来源于欧洲，它是在欧陆式早餐的基础上发展起来的，所以美式早餐包含了欧陆式早餐的品种，设计时还要注意把美式特色菜肴设计到菜单中，尤其是各种谷物类的健康菜肴。下面是某国际联号的超五星级酒店的菜单。

American Breakfast

selection of breakfast juices

fresh orange，tomato，grapefruit，carrot，
pineapple，cranberry，apple，mango

sliced fresh cut seasonal fruits or compotes

peach，pear，apricot & mixed berry

Cereal

corn flakes，coco pops，sultana bran，weet bix，
toasted muesli，rice crispies，bircher muesli，oat
meal porridge

served with your choice of fruit or natural yoghurt
and either full cream milk，low fat milk or soy milk

2 eggs any style

served with grilled tomato，pork sausage，bacon，
hash browns & mushrooms

Bakery selection

muffin，croissant，danish pastries，cinnamon buns
with lemon butter cream

breakfast roll，white wheat or multigrain breads

served with a selection of fruit preserves，honey，
butter or margarine

Fresh ground coffee and assorted teas

served with full cream，skim or soy milk

美式早餐

早餐果汁精选

鲜榨橙汁、番茄汁、西柚汁、胡萝卜汁、菠萝汁、蔓越莓汁、苹果汁、芒果汁

新鲜时令水果切片或果盘

桃子、梨、杏和混合浆果

谷类食品

玉米薄片、可可米花、葡萄麦麸、健康麦饼、烘烤麦片、脆米、瑞士麦片、燕麦粥

根据阁下的选择可配以水果或原味酸奶，以及全脂牛奶、低脂牛奶或豆浆中的一款。

2枚鸡蛋任选

配以烤番茄、猪肉香肠、熏肉培根、马铃薯饼和蘑菇

面包精选

麦芬菘包、牛角包、丹麦包、肉桂圆面包配柠檬奶油

早餐包、纯小麦或全麦面包

配以包装果酱、蜂蜜、黄油或植物黄油

新鲜咖啡和各种茶类

配以全脂奶油、脱脂奶或豆浆

2）欧陆式早餐

欧陆式早餐在设计时要突出面包的品种，其中包括：牛角包、丹麦包、吐司面包、全麦面包、软面包、硬面包等品种，但一定是当天凌晨现烤的新鲜面包。下面是某国际联号的超五星级酒店的菜单。

Continental breakfast	**欧陆式早餐**
selection of breakfast juices	早餐果汁精选
fresh orange，tomato，grapefruit，carrot，pineapple，cranberry，apple，mango	鲜榨橙汁、番茄汁、西柚汁、胡萝卜汁、菠萝汁、蔓越莓汁、苹果汁、芒果汁
Sliced fresh cut seasonal fruits or compotes	**新鲜时令水果切片或果盘**
peach，pear，apricot & mixed berry	桃子、梨、杏和混合浆果
Bakery selection	**面包精选**
muffin，croissant，danish pastries	麦芬菘包、牛角包、丹麦包
cinnamon buns with lemon butter cream	肉桂圆面包配柠檬奶油
breakfast roll，white wheat or multigrain breads	早餐包、纯小麦或全麦面包
served with a selection of fruit preserves，honey，butter or margarine	配以包装果酱、蜂蜜、黄油或植物黄油
Fresh ground coffee and assorted teas	**新鲜咖啡和各种茶类**
served with full cream，skim or soy milk	配以全脂奶油、脱脂奶或豆浆

3. 自助式早餐

设计自助式早餐的菜单，第一要注意菜肴品种丰富，要和本地的地方特色相结合，顾及客源结构的需求，随时调整菜肴品种，如韩国食客较多，就要增加韩式菜肴。第二要注意每天的菜肴品种要有一定的变化，因为一般的住宿食客要在酒店停留几天，天天吃一样的菜肴，食客没有新鲜感。下面是皇冠假日酒店的自助式早餐菜单。

Breakfast Buffet menu	**自助式早餐菜单**
Juices（every day）	各种果汁（每天）
orange juice	橙汁
tomato juice	番茄汁
apple juice	苹果汁

pineapple juice	菠萝汁
grapefruit juice	西柚汁
fresh milk	鲜奶

Bread variety 各种面包

toast bread（sliced）	方包（切片）
whole wheat bread	全麦包
rye bread（sliced）	黑麦包（切片）
croissants plain	牛角包
assorted Danish pastries（4kinds）	四种丹麦包
soft rolls	软包
sesame rolls	芝麻包
whole wheat rolls	全麦小包
croissants（chocolate）	巧克力包

Preserves 各种黄油及果酱

butter portion	份装黄油
strawberry jam portion	份装草莓果酱
orange marmalade portion	份装橙味果酱
diet margarine portion	份装植物黄油
3 kind of homemade jams	三款自制果酱

Cold cuts（2 platters）&cheese 各种冷切肉（2盘）及奶酪盘

Monday，Thursday & Sunday：	星期一、星期四、星期日：
Gouda cheese	黄波芝士
Cambert cheese	金文笔芝士
cooked ham	圣诞火腿
Lyoner sausage	里昂那肠
green pepper lyoner	里昂那青椒
Salami	萨拉米香肠
Tuesday & Friday：	星期二、星期五：
cheddar cheese	切达干酪
Edam cheese	红波奶酪
cooked ham	圣诞火腿

mushroom Lyoner	里昂那蘑菇
fresh mozzarella	鲜马苏里拉奶酪
corned beef	腌牛肉
chicken roll	鸡冷切肠
Wednesday & Saturday：	星期三、星期六：
pizza mozzarella	马苏里拉比萨奶酪
emmental cheese	大孔芝士
cooked ham	圣诞火腿
chicken roll	鸡肉冷切肠
Brie cheese	布里奶酪
paprika lyoner	里昂那红椒
Salami	萨拉米香肠

Action station 　　煎蛋档口

eggs prepared as requested with mushrooms，cheese，ham，bell pepper、tomato、onion
煎蛋档口配各式小料：蘑菇碎、芝士碎、火腿碎、青椒碎、番茄碎、洋葱碎

Health corner：（Stewed fruits，muesli，yogurt，2 salads and salad dressings）
健康之角（各种烩水果，麦片，酸奶及 2 款沙拉和汁）

4 kinds of seasonal fresh fruits sliced	4 种时令鲜果切片
stewed apricots	烩杏
stewed apples	烩苹果
fruit basket（whole fruit）	水果篮（整水果）
yogurt plain（cup）	原味酸奶（杯装）
assorted fruit yogurt（3 kinds）	各种水果酸奶（3 种）
fruit cocktail	水果沙拉
stewed prunes	烩李子
apricots halves	糖水杏
fruit compote（2 kinds）	烩水果（2 种）
muesli	混合麦片
bircher muesli（extra fruit & nuts）	自制冷麦片粥
homemade yogurt	自制酸奶

cornflakes	玉米片
rice krispies	卜卜米
special oatmeal	特制麦片
all bran	全麦丝
iceberg lettuce	玻璃生菜
mixed lettuce	混合生菜
Thousand Island dressing	千岛汁
Italian dressing	意大利汁

Western hot dishes	**西式早餐热菜**
crispy bacon	烤咸肉
2 kinds of breakfast sausage	2 款早餐肠
hash brown potato	煎土豆饼
lyonnaise potato	洋葱炒土豆片
corn beef hash potato	腌牛肉土豆饼
egg in cocotte	小碗蒸蛋
poached egg	煮蛋
spanish omelet	西班牙蛋卷
scrambled egg	炒蛋
grilled tomato	扒番茄
stuffed tomato	酿番茄
baked beans	焗豆
smoked pork loin	烟熏猪柳
breakfast ham	早餐火腿
thick french toast	煎厚法多士
pan cake	早餐蛋饼
mini breakfast steak	小块早餐牛扒红酒汁
mini burger with onion sauce	小汉堡配洋葱汁
deep-fried fish with tartar sauce	炸鱼配鞑靼汁

Chinese corner	**中式早餐菜**
pain congee	白粥
chicken，fish or pork congee	鸡肉、鱼肉及猪肉粥

condiments for congee	各种粥料

Hot dishes　　　　　　　　　　　　　　　**热菜**

4 kinds of Chinese dim sum with condiments	4 款中式早餐点心及小料
stir-fried mixed vegetables（Chinese cabbage，cauliflower，carrot，mushroom，baby corn）	蚝油炒蔬菜（白菜、白菜花、金笋、冬菇、玉米笋）
fried rice	蛋炒饭
fried rice noodle	炒米粉
fried noodle	炒面

Japanese corner　　　　　　　　　　　　**日式早餐**

Japanese potato salad	日式土豆沙
Miso soup with condiments	日式酱汤及小料
Japanese cold soba noodl	日式冷面
Muki sushi with condiments	日本寿司及配料
vegetable roll in broth	日式蔬菜卷
braised bean curb with vegetable julienne in miso	日式酱汤烩豆腐蔬菜
Teryaki salmon head	烤三文鱼骨

八、西餐零点菜单的设计

零点菜单是餐厅经营风格的充分体现，设计零点菜单重点要把餐厅经营特色考虑进去，要做市场调研及综合分析。

一份好的菜单，不但要有精美的图片，还要有表达恰当的文字，向食客传递有关餐厅和菜肴的详尽信息，增进食客对餐厅和菜肴的了解，提高食客的消费欲望。菜单上的文字主要有餐厅名称、菜肴名称和介绍。

另外，还应该注意文字在菜单上的表现形式，要注意文字和图片所占空间的比例。字数太多使人眼花缭乱，太少则会使食客不能得到充足的信息，影响食客消费。要设计一份有吸引力的菜单，正确地使用字体是很重要的。正式宴会应使用较庄重的字体，而儿童的菜单则应选择活泼的字体，对于传统文化突出的餐厅，则应选择西式手书等有一定历史表现力的字体。

关于字符的编排也应当注意，既不能把字符定得太小，这样会增加食客的阅读难度，但也不能太大，这样会影响到传递食客的信息量。同时还应注意字符间的间隔，以讲求美观。

（一）零点菜单的类别

高端酒店的西餐厅通常有两个，一个是服务于普通食客的咖啡厅，另一个是服务于高端人群的风味餐厅（如法式餐厅、意式餐厅、美式餐厅、扒房等）。这两种餐厅的经营品种不同，有很大区别，设计时要尽量避免出品的雷同。

1. 咖啡厅

咖啡厅主要为驻店食客及社会人群提供价格适中、口味多样、出品时间短的菜肴。咖啡厅的菜单设计要多元化，尽量满足世界各地食客的饮食需求，同时还要遵循菜单设计整体理念的平衡性和全面性的要求，并要有本国、本地区的特色菜肴。社会餐饮的西式简餐、快餐厅的零点菜单设计理念也基本参照这个方法。下面这份皇冠假日酒店咖啡厅的零点菜单就可以充分体现这些要求。

essence restaurant à la carte menu

咖啡厅零点菜单

Appetizers & Salad　　　　　　　　　　开胃菜和精选沙拉

smoked Atlantic salmon with caviar & lettuce　　烟熏大西洋三文鱼配鱼子酱和生菜

Vietnamese "fiery" beef & mushroom salad　　越南风味牛肉蘑菇沙拉

classic Caesar salad，smoked chicken breast，　古典式恺撒沙拉配熏鸡胸和芝士粉
Parmesan shavings

goose liver terrine with apple & mint gravy　　鹅肝酱配苹果、薄荷肉汁

marinated mozzarella，tomato & aubergine slices　雪球马苏里拉芝士、番茄、茄子

green lettuce and garden salad with balsamic dressing　田园沙拉配香醋汁

blue swimmer crab & calamari salad　　水手蟹肉和鱿鱼沙拉

wasabi prawn，pomelo & crispy green salad　　芥末大虾配柚子和绿色沙拉

Soup　　　　　　　　　　　　　汤

seafood gumbo　　水产品浓汤

minestrone soup with pesto　　意大利蔬菜汤配香草松仁酱

curried pumpkin & carrot soup　　南瓜、甘笋咖喱奶油汤

Beijing style wonton soup　　北京鸡汤馄饨

boiled pork dumpling with hot & sour soup　酸辣汤水饺

double boiled pork rib & turnip soup　　萝卜煲、排骨汤

Sandwich and burger　　　　　　三明治和汉堡包

Crowne club sandwich with avocado dip　　皇冠俱乐部三明治配黄油果酱

Crowne burger with fried egg，bacon or cheese　皇冠牛肉汉堡包配煎蛋、熏肉或芝士

167

tuna croissant "Nicoise"	利华士牛角包、金枪鱼三明治
Parma ham, mozzarella & roasted bell pepper on ciabatta bread	帕尔玛火腿芝士甜椒三明治
smoked Atlantic salmon baguette with camembert cheese	烟熏三文鱼芝士、法棍面包、三明治
pita bread pocket with bell pepper, onion, pesto & mushroom	口袋面包配大红椒、洋葱、蘑菇和青酱

Main course　　主菜

grilled medallion of pork loin, buttered fettuccine	煎米打兰猪柳配黄油炒意大利宽面
veal saltimbocca a la Romana with tomato concassee and saffron rice	罗马式小牛仔柳配番茄丁、红花须
pan-fried duck breast, pumpkin puree & orange relish	香橙煎鸭胸配南瓜酱、橙味小菜
New Zealand lamb cutlet, rosemary glaze	新西兰羊排配迷迭香酱
roasted half spring chicken, jambalaya rice & rocket leafs	炭烤春鸡配什锦饭、火箭生菜
grilled german veal sausage, sweet mustard & warm potato salad	扒德式小牛仔肠配芥末土豆沙拉
Norwegian salmon steak, aubergine casserole & slow roasted tomato	香煎挪威三文鱼配焖茄子和慢烤土豆
pecan crusted cod fish, cilantro lime butter & vegetable trio	煎山核桃碎鳕鱼柳配香菜青柠黄油和时蔬
fussili "capri", with wine cream sauce & assorted seafood	卡普里海鲜奶油螺旋面

From our grill　　扒肉

Australian T-bone steak	澳洲 T 骨牛扒
Australian grain fed beef tenderloin	澳洲谷饲厚切牛柳新西兰羊扒
Australian beef sirloin	澳洲西冷牛肉
New Zealand lamb cutlets	新西兰羊扒
Dutch veal tenderloin	荷兰小牛仔
Atlantic salmon steak with dijon mustard	铁扒大西洋三文鱼配第戎芥末酱
surf & turf-beef tenderloin & one king prawn	牛柳老虎大虾
choice of sauce: béarnaise, mushroom, herbed butter or black pepper sauce	自选汁：班尼士汁、蘑菇汁、香草黄油或黑椒汁

choice of potato：baked potato，mashed potato，french fries or potato wedges	自选土豆：烤土豆、土豆泥、法式薯条或薯角
side dishes：sautéed mixed mushroom，wok fried sugar peas or creamy spinach	自选配菜：炒什锦蘑菇、蜜豆或奶油菠菜

Oriental favourites　　　　　　　　　东方美食

wok-fried spaghetti 'Chinese style' with Beijing duck，chili & oyster sauce	中式炒意大利面配北京烤鸭，辣味蚝油酱
boiled handmade Beijing noodles，diced pork，bean paste & bean sprout	老北京炸酱面配猪白肉片、豆酱、豆芽
Hainanese chicken rice，ginger，chili & dark soy	海南鸡饭配姜、辣椒、酱油
nasi goreng，mixed satays & krupuk	印尼炒饭配沙嗲酱、虾片
Singapore fried noodle with shrimp，potato，egg & tomato	新加坡炒面配虾、土豆、鸡蛋、番茄
fried rice with shrimp & cantonese sausage	腊肠虾仁炒饭
chicken curry，white rice & pineapple chutney	咖喱鸡配白米饭、菠萝酸辣酱

Dessert　　　　　　　　　甜点

pannacotta flavour and garnish to be determined	意大利布丁
chocolate hazelnut cake with passion fruit sauce	巧克力榛子蛋糕配果酱汁
sour cream cheese cake with strawberry topping	酸奶油奶酪蛋糕配草莓酱
macadamia pie with vanilla sauce	夏威夷果仁派配香草酱
traditional assorted sweets-Beijing style	京味什锦甜点
seasonal fresh fruit platter	时令新鲜水果拼盘
Häagen-Dazs ice cream（per scoop）	哈根达斯冰淇淋（自选）

2.　风味餐厅

风味餐厅是经营单一风格菜肴的餐厅，如法式餐厅、意式餐厅、美式餐厅、扒房等，通常服务于高端人群，价格较高，装修或豪华高雅，或别具一格，独具匠心，菜肴制作精致，风味突出，餐具、酒具高贵典雅，服务与菜肴风格相辅相成，相得益彰。

根据以上特点设计菜单，需要设计者着重突出菜肴的特色，彰显餐厅的风格。要始终围绕主题去设计，下面这份菜单就是一个扒房的菜单，菜肴风格是传统的法式和意式，它的设计就完全符合零点菜单设计的整体理念。

Appetizers

roast duck and cranberry tortellini served in truffle scented mushroom，semi-dried tomato，leek and parmesan

freshly sliced beef carpaccio with virgin olive oil，balsamic vinaigrette and maitake mushroom，parmesan shavings

deep fried herb crusted buffalo mozzarella and pear compote with extra virgin olive oil

Burgundy baked snails with herb and garlic butter

glazed Normandy oyster

homemade goose liver terrine served with toast

lobster and avocado with passion fruit puree

green salad with sun dried tomatoes，olives and honey balsamic vinaigrette dressing

开胃菜

烤鸭蔓越莓意式饺，风干番茄韭葱芝士松露汁

生切牛肉薄片配橄榄油、香醋汁、舞茸和帕玛森芝士片

香炸脆皮水牛奶酪和白葡萄酒腌梨配特级橄榄油

传统勃艮第式焗蜗牛

盐焗诺曼底牡蛎

自制精选法式鹅肝批配土司片

黄油果龙虾沙拉配热情果酱

绿色鲜蔬沙拉配风干番茄，橄榄蜂蜜意大利黑醋汁

Soup

creamy lobster bisque with pan seared scallop and caviar

cream of mushroom with cinnamon milk foam

beef tea flavored with truffle

traditional vegetables cod fish soup with pesto sauce

risotto cooked in asparagus with goose liver and porcini mushrooms

sautéed linguine with clams，garlic confit，basil and sun dried tomato pesto

penne ragout with smoked salmon and a creamy dill sauce sprinkled and lemon capers

risotto king crab Orange wage and cod fish juice

汤类

奶油龙虾汤配煎鲜贝及鱼子

鲜奶蘑菇汤

松露牛肉茶

传统意大利蔬菜鳕鱼汤配罗勒青酱

鲜芦笋烩饭配鹅肝和牛肝菌

炒意大利扁面配文蛤、橄榄蒜油、香草和风干番茄酱

烩意大利斜切面配熏三文鱼、奶油莳萝汁和柠檬角

香橙皇帝蟹烩饭配鳕鱼酱

From the grill

All grilled items are served with a baked potato and seasonal vegetables

100-days Grain-fed beef fillet mignon 220gm/330gm

扒肉类

以下各项扒肉类配烤土豆和蔬菜

100 天优质谷饲牛里脊排 220 克 / 330 克

certified Angus rib eye steak 220gm/330gm	注册安格斯牛肉眼排 220 克 /330 克
350 days Grain-fed Wagyu beef rib steak MBS 5220gm/330gm	350 天谷饲和牛牛外脊排 220 克 / 330 克 5 级
certified Angus strip loin steak 220gm/330gm	注册安格斯牛外脊排 220 克 /330 克
350 days Grain-fed Wagyu beef sirlion steak MBS 5220gm	350 天谷饲和牛牛外脊排 220 克 5 级
350 days Grain-fed Wagyu beef sirlion steak MBS 5330gm	350 天谷饲和牛牛外脊排 330 克 5 级
350 days Grain-fed Wagyu fillet mignon MBS 5220gm	350 天谷饲和牛牛里脊排 220 克 5 级
350 days Grain-fed Wagyu fillet mignon MBS 5330gm	350 天谷饲和牛牛里脊排 330 克 5 级
150-days grain Fed beef T-Bone Steak 450gm	150 天谷饲 T 骨牛排 450 克
grilled Australian Lamb Chops 330gm	澳大利亚羊排 330 克
Norwegian salmon 220gm	挪威三文鱼 220 克
king prawn 220gm/330gm	精选大虾 220 克 /330 克
rib eye steak bone in Aus 1kg	澳洲带骨眼排 1 千克

Angus grill specialty / **特色推荐**

roasted codfish with morsels of goose liver and oyster cream sauce	柚子酱烘烤鳕鱼配鹅肝粒牡蛎汁
baked grouper fillet with sautéed zucchini and rosemary potato	烤石斑鱼柳配炒节瓜和香草土豆
grilled king prawns with arugula risotto	香草烤大虾配芝麻菜干酪饭
Norway salmon fillet in steamed pot with fennel potato and wild mushroom	挪威三文鱼配香草土豆及蟹味菇
Spanish Duroc ham Rolling Australian veal tenderloin filled with pumpkin puree celery Carpaccio	西班牙杜洛克火腿卷澳洲小牛柳配烤南瓜酱和爽脆西芹
B.B.Q.Pork ribs 450gm	烧烤猪排 450 克
stewed Wagyu beef-chuck roll MS5 with lemon fruits	红酒焖 5 级澳洲草饲和牛上脑配烩水果
french lamb shank with white beans ragout	烩小羊膝配香草烩白豆

Sauces（choose a sauce to go with your main course） / **汁类（自选一种）**

Dijon mustard sauce	第戎芥末汁

green pepper sauce	绿胡椒汁
wild mushroom sauce	混合野菌汁
Marsala wine sauce	玛莎拉葡萄酒汁
black pepper sauce	黑椒汁
tomato sauce	番茄汁
béarnaise sauce	香草班尼士汁
mint jelly	薄荷酱

Sides（choose one side to go with your main course） 　淀粉类配菜（自选一种）

additional sides：fettuccine alfredo	宽身意面和芝士奶油汁
spaghetti napolitana	意大利细面和香蒜番茄汁
roasted potatoes	香草烤土豆
mashed potatoes	土豆泥
French fries	薯条
Parmesan risotto	帕玛森芝士烩饭

vegetables and side Salad 　蔬菜类配菜

sautéed season vegetable	健康时蔬
cherry tomato & baby mozzarella compote	烩樱桃番茄和小水牛芝士
fried wild mushrooms	炒混合蘑菇

Dessert 　精选甜点

Tiramisu	意大利传统提拉米苏蛋糕
Italian classic with mascarpone，coffee and amaretto	配马斯卡邦尼奶酪、咖啡、意大利苦杏酒
Panna Cottainfused with cranberry and orange and topped with forest berries	意式鲜奶冻（配蔓越橘，香橙）
Fondant au chocolate vanilla sauce Fudge chocolate with vanilla sauce	巧克力方登佐香草少司
cheese cake maison aux fruits de saison homemade cheese cake with seasonal fruit	法式奶酪蛋糕配水果
Beau plateau de fruit de saison elegant seasonal fruit platter	时令水果盘

172

（二）符合市场需求

在设计零点菜单之前要进行市场调研和综合分析，要根据当前消费群体的喜好及流行趋势设计菜肴，并做好市场定位。

西餐在我国的发展只有100多年的历史，我国人民的口味按东西南北的地域区分，差异很大，各地方食客对西餐的接收程度也有不同，如北方人口重，喜欢味道浓，成熟度高的菜肴，所以北方人比较喜欢意式和俄式西餐。南方人喜欢清淡、精致的菜肴，口味偏甜，又好追求时尚，所以南方人对法式菜肴情有独钟，特别是法式甜点更是受到追捧。

因此要求设计者在制作菜单时要考虑周全，根据所在地区及消费人群设计出品的内容。

（三）因地制宜选用本地原材料

应根据本地的特色产品和本地食材的供应情况来制定菜单。全国各地的原材料供应各不相同，在制定出品菜肴时，要充分考虑该原材料是否能够长期稳定地保障供应，避免菜单里面的菜肴有断货的问题。同时尽量采用本地的原材料，这样既可以保证供应又可以降低成本，增加利润。

九、西式套餐菜单设计

西式套餐是西方人家庭用餐、商务宴请、节日庆典等日常生活最常用的用餐形式，正式宴请均为套餐形式。套餐用餐时间长，每道菜肴之间的上菜时间间隔至少在15分钟以上，用餐要求按顺序上菜，依次是开胃菜、汤菜、副菜或鱼菜、主菜（畜肉类或禽类）、甜点，通常是5～7道菜，传统的法式宴会多达十几道菜肴。

设计套餐菜单要根据以下几点设计。

（一）套餐用途

家庭用餐、商务宴请、节日庆典由于各自需求不同，费用不同，所以对菜肴品质的要求也不同，要把它们区分开来，根据需求制定菜单。例如，传统节日的套餐要突出节日特点和主题，主题套餐通常适用于各种传统的节日欢庆宴会，如圣诞节、新年、复活节、感恩节、情人节、万圣节等，所食用的菜肴可以是西方节日传统菜肴，有些则可以自由搭配，但也要符合主题。例如，圣诞节菜单里必须要有烤火鸡或烤鹅；情人节菜单里要有巧克力。下面以一份情人节菜单进行说明。

Set dinner valentines

情人节晚餐

Dessert　　　　　　　　　　　　　　　精选甜点

Appetizer　　　　　　　　　　　　　　　开胃菜

love at first sight	一见钟情
terrine of foie gras with spices apple compote balsamic reduction	法国鹅肝酱配芳香烩苹果，精华巴沙米克香醋汁
our love is born with our first embrace	坠入爱河
truffles cream soup flavored with aged port wine and truffle skin	松露奶油汤、窖藏波特红酒、松露皮
sea of love	情深似海
open ravioli with octopus，scallop，prawn with calamata olives，Provencal vegetables and lobsters sauce	海拜意大利饺、卡拉马塔油浸黑水榄、普罗旺斯式时蔬及龙虾汁

Main dishes	**主菜**
my heart is on fire	午夜激情
roast tenderloin of lamb with sweet peppers and mustard seed mashed potato and veal stock reduction	烤羊柳配甜椒，芥末籽薯蓉及烤乳牛精华原汁
or	或
pan-fried turbot fillet with herb risotto with sautéed julienne artichoke and coarsed chicken jus	香草煎大比目鱼、意大利香饭、炒朝鲜蓟丝配原味鸡汁

Dessert	**甜点**
sweet romance	浪漫情怀
strawberry chocolate mousse cake	草莓巧克力慕斯蛋糕

　　上款菜单菜肴的名称都围绕爱情主题命名，在菜肴的配菜上均以心的形状作装饰，甜点用草莓和巧克力制作，草莓形状类似心的形状，表示爱，巧克力是甜蜜的象征，整体菜单紧扣主题。

　　（二）符合全面性和平衡性的要求

　　所有菜单设计都不能偏离菜单设计理念的要求，下面以一份商务宴请的菜单进行全面分析。

Set menu	**套餐**
Caesar salad with smoked salmon	恺撒沙拉配熏三文鱼
lentil cream soup with quail egg	奶油扁豆汤配鹌鹑蛋

| roasted beef tenderloin with herb flavored mushrooms and waffle potatoes | 烤牛柳配香草蘑菇和华夫土豆 |
| strawberry mousse with white chocolate sauce | 草莓慕斯蛋糕配白巧克力汁 |

上述菜单开胃菜采用的是恺撒沙拉配熏三文鱼，恺撒沙拉是用罗马生菜和恺撒汁制作的，再配以熏三文鱼，荤素搭配。恺撒沙拉是拌的，三文鱼是熏的，烹调技法不同；沙拉绿的，三文鱼是红的，色彩不同。

汤菜为奶油扁豆汤配鹌鹑蛋，原材料是将一种一粒一粒的小扁豆煮软后打成蓉、加奶油和鹌鹑蛋制作而成。奶油扁豆汤的特点是汤汁带有浓郁的奶油味，汤色雪白，煮熟的鹌鹑蛋，一开两半，露出黄色蛋黄，颜色搭配高雅。

主菜是烤牛柳配香草蘑菇和华夫土豆，牛柳、蘑菇、土豆三种不同原材料，有荤有素。牛柳是烤的，蘑菇是炒的，土豆是炸的，烹调技法不同。牛柳口味为原味，蘑菇是香草味，土豆是咸味，口味各有特色。牛柳是棕色，蘑菇是白色，土豆是金黄色，色彩不同。

甜点是草莓慕斯蛋糕配白巧克力汁，草莓慕斯蛋糕采用的是凝固法，白巧克力汁采用的是熬制法，烹调技法不同。草莓是酸甜的，巧克力是香甜的，口味不同。草莓是粉色，巧克力汁是白色，色彩和谐。

开胃菜的原材料采用蔬菜和水产品，汤菜是豆类、乳制品和蛋类。主菜是肉类蔬菜和薯类，甜点是水果类和巧克力，原材料均不相同。口味有烟熏味、芥末味、香草味、奶油味、咸味、酸味、甜味、巧克力味等 8 种口味，可谓丰富多彩。烹调技法有熏、煮、拌、烤、炒、炸、熬、冷凝等 8 种方法，充分展示出烹调水平。颜色有翠绿、红、白、黄、棕、金黄、粉红等 7 种颜色，色彩纷呈。这份菜单原材料搭配合理，营养均衡，采用多种烹调技法，口味多样，色彩艳丽，是一份非常标准的西餐套餐菜单。

十、西式自助餐菜单设计

自助餐是目前国际上酒店、餐厅非常流行的一种用餐形式，自助餐餐厅是高星级酒店必须设置的，一些大型的商务活动均采用这种用餐方式。

早餐、午餐、正餐均可采用自助餐的形式；可以是便餐形式也可以是专题形式。

自助餐的供应方式，由传统的食客自助餐台取食成品菜肴发展到客前现场烹制、现烹现食，甚至还发展为由食客自助食材原料，自烹自食"自制式"自助餐，由于自助餐的形式的复杂性，所以要按照需求设计菜单。

1. 常规自助餐

常规自助餐就是自助餐厅每天经营的自助餐，设计这个菜单比较复杂，需考虑的因素很多。

（1）新颖性。由于用餐的客源结构通常以驻店食客为主，一般食客的住宿时间为 2～3 天，除常驻食客外，大多不会超过 5 天，这就要求菜肴的品种需每餐不断地更换，避免食客用餐时由于菜肴出品的重叠，对菜肴产生厌倦，从而影响食欲。因此每天午、晚餐的自助餐菜肴大部分品种必须更换，而且要制定出至少 20 套午、晚餐菜单，其中菜肴除部分冷菜、水果和冰淇淋以外都不能重复出品，要保证连续 5 天的出品不同。为何要连续 5 天的出品不同？因为有些食客总喜欢固定在每周的某一天来用餐，如果是连续 7 天不同，但他每周来用餐时却总赶上一样的菜肴，采用连续 5 天不同的菜单，食客来用餐时就会永远有新鲜的感觉。

另外要定期更换菜单，通常是每 3 个月更换一次菜单。这样既让食客有新鲜感，又可以提高烹调师的烹调水平。

（2）平衡性。设计菜单时应按照西餐的规律安排主要菜肴，西式菜单的采用结构由冷菜（开胃菜和沙拉）、汤菜、热菜（鱼类、畜肉类、禽类）、蔬菜配菜、甜点等类型的菜肴组成。菜肴要造型美观、样式清新，口味、形态各异，动物性原料和植物性原料应相互搭配合理，蔬菜要选时令菜，制作方法不要太复杂，最大限度地保持原料自身味道和营养价值，尽量不重复使用同一种原材料。

每道菜运用的烹调方法都要有所不同，如煎、炸、煮、炖、烤、焗烤、焖、烩等；每道菜的原材料加工成形也变化多样，如丝、条、片、丁、块、橄榄形等。

口味不能重叠，口味的变换应使食客用餐时有新鲜感，各个菜肴应采用不同的口味出品，如黑椒味、番茄味、奶油味、咸鲜味、柠檬味、黄油味、芥末味等，绝不能同一种风味反复出现。

菜肴之间的颜色也要有区别，做出红色、绿色、黄色、粉色、白色等不同颜色的菜肴。

（3）合理控制成本。经济效益是餐厅运营的关键指标，合理控制菜肴成本至关重要。设计菜单是要做到贵重原材料和廉价的原材料合理搭配出品，要根据菜肴成本率的要求安排菜肴的品种，要根据原材料的采购价格合理安排出品。

（4）菜单展示。以下是皇冠假日酒店的自助餐菜单，其涵盖了冷、热菜、甜点以及明档现场制作的菜肴，涉及西式、中式、日式、东南亚风格的菜肴。

essence restaurant lunch buffet menu
西餐厅午餐自助餐菜单

Appetizer 　　　　　　　　　　　　　　开胃菜

assorted cheese platter 　　　　　　　什锦芝士盘配饼干

pastrami with sauerkraut 　　　　　　黑椒牛肉酸椰菜卷

fruit & seafood in melon boat 　　　　水果水产品美瓜船

stuffed duck roll & marinated pork 　咸鸭蛋黄卷拼卤肉

marinated tomato with preserved egg 番茄拌皮蛋

assorted sushi 　　　　　　　　　　　什锦寿司

（fresh salmon, seabram, pickle） 　（新鲜三文鱼、鲷鱼、日式酱瓜）

176

Salad	沙拉
romaine lettuce	罗马生菜
iceberg lettuce	玻璃生菜
frisée	花叶生菜
radicchio	紫苣
butter lettuce	奶油生菜
celery	西芹
cucumber slice	黄瓜片
cherry tomato	樱桃番茄
german red cabbage	德式红椰菜沙拉
spicy squid	辣味鱿鱼沙拉
tomato & cheese	番茄芝士沙拉
roasted beef	烤牛肉沙拉
Salad dressing	沙拉汁
Thousand Island dressing	千岛汁
French dressing	法汁
Italian dressing	意大利汁
vinaigrette	基础油醋少司
Mexican salsa sauce	墨西哥番茄辣味汁
blue cheese dressing	蓝芝士汁
Show cooking	现场制作
Koey teow，shrimps ball，tellow noodle	河粉、鲜虾丸、油面
poached vegetable：rape，tang hao	白灼时蔬、油菜、塘蒿
South-east B.B.Q beef，pork，chicken	东南亚风味烧烤牛、猪、鸡排
assorted fresh and frozen seafood	各式冰鲜水产品
Soup	汤
beef consommé with vegetables	蔬菜丝牛肉清汤
fresh prawn meat & winter melon soup	虾仁冬瓜粒羹
Hot dish	热菜
grilled chicken steak with mushroom sauce	煎鸡扒配蘑菇汁

steamed sole fish with white wine sauce	蒸比目鱼柳配白酒汁
smoked pork-loin with sauerkraut	烟熏猪柳配酸椰菜
beef Stroganoff	俄式烩牛柳丝
william potato	梨形土豆
Ratatouille	意式烩时蔬
sautéed sliced duck with bell-pepper	双椒炒鸭片
braised bean-curd with salted fish&diced chicken	咸鱼鸡粒烧豆腐
fried sweet-corn with pine nut	松仁炒玉米
fried rice with seafood Thai style	泰式水产品炒饭
breaded pork-loin escalope	日式炸猪排
deep-fried bean-curd	日式炸豆腐

Bread　　　　　　　　　　　　　　　面包类

assorted bread	什锦面包
portion butter	粒装黄油

Dessert　　　　　　　　　　　　　　甜点

apple strudel（hot）	苹果卷（热）
pumpkin pie	南瓜派
walnut cream butter cake	核桃黄油蛋糕
raspberry cake	桑莓蛋糕
Chipolate Bavarios	契普拉它蛋糕
poach pear	红酒煮梨
Cointreaux mousse cake	君度慕斯蛋糕
fresh fruit flan	鲜水果挞
banana caramel tart	焦糖香蕉挞
summer berry tart	夏日浆果挞
black forest cake	黑森林蛋糕
Swiss roll	瑞士卷
fruit salad	水果沙拉
honey chocolate mousse	蜂蜜巧克力慕斯蛋糕
iced raspberry Souffle	冰冻桑子蓉舒芙蕾
chocolate and Cointreaux mousse	巧克力君度慕斯蛋糕

3 kinds of ice cream	3 种冰淇淋
fresh sliced fruit platter	新鲜切片水果盘

essence restaurant dinner buffet menu
西餐厅晚餐自助餐菜单

Appetizer	**开胃菜**
assorted cheese platter	什锦芝士盘配饼干
smoked trout fillet with horseradish	烟熏虹鳟配辣根酱
German cold cut	德式冷切肉盘
fresh oyster with condiments	新鲜牡蛎配以佐料
egg and shrimps paste roll	凤凰百花卷
marinated golden lily mushroom	凉拌金针菇
assorted sushi	什锦寿司
（fresh salmon，seabram，eel roll，cucumber roll）	（新鲜三文鱼、鲷鱼、鳗鱼卷、黄瓜卷）
assorted sashimi（salmon，tuna，yellow tai）	什锦刺身（三文鱼、金枪鱼、黄狮鱼）

Salad	**沙拉**
iceberg lettuce	玻璃生菜
romaine lettuce	罗马生菜
endive	玉兰菜
frisée	花叶生菜
radicchio	紫苣
green pepper ring	青椒圈
cucumber slice	黄瓜片
cherry tomato	樱桃番茄
salami & olive salad	萨拉米香肠橄榄沙拉
corn & shrimps salad	虾仁玉米沙拉
pasta & pineapple salad	意粉菠萝沙拉
potato salad	土豆沙拉

Salad dressing	**沙拉汁**
Thousand Island dressing	千岛汁

French dressing	法汁
Italian dressing	意大利汁
vinaigrette	基础油醋少司
Mexican salsa sauce	墨西哥番茄辣味汁
blue cheese Dressing	蓝芝士汁

Show cooking 现场制作

rice vermicelli，fish ball	米粉、鱼丸
egg noodle，chicken and laksa stock，2 kinds	蛋面、鸡汤、马来椰味汤，2种
Italian pasta	意面
poached vegetable：green kale，lettuce	白灼时蔬、芥蓝、生菜
beef，pork，chicken steak	煎牛、猪、鸡排
assorted live and frozen seafood	各式活、冰鲜水产品

Carving trolley 切肉车

fresh salmon puff pastry	新鲜三文鱼酥条

Soup 汤

spanish seafood chowder w/cracker	西班牙海鲜周打汤配饼干
double boiled chicken soup w/Chinese Herb	当归炖老鸡

Hot dish 热菜

B.B.Q spring chicken w/herb and mustard	香草芥末烤春鸡
Mediterranean ox-tail casserole	地中海烩牛尾
deep-fried rork chop Italian style	意式炸猪排
beef rouladen	德式牛肉卷
potato cake with spring onion	香葱土豆饼
buttered seasonal vegetable	黄油时蔬
Tappanyaki beef w/black-pepper	日式黑椒牛排
fried mixed vegetable	日式炒杂菜
steamed eel with black bean sauce	豉汁蒸盘龙鳝
deep-fried pork-rib with garlic	蒜香骨
fried asparagus and carrot	清炒双笋（芦笋、甘笋）
fried rice "Chao zhou" style	潮州炒饭

Bread　　　　　　　　　　　　　　　　面包类

assorted bread　　　　　　　　　　　　　什锦面包

portion butter　　　　　　　　　　　　　粒装黄油

Dessert　　　　　　　　　　　　　　　甜点

milk chocolate mousse　　　　　　　　　牛奶巧克力慕斯蛋糕

fresh fruit tart　　　　　　　　　　　　　鲜水果挞

Napoleon slice　　　　　　　　　　　　　拿破仑条

Nashi cheese slice　　　　　　　　　　　纳什芝士条

caviar puffs　　　　　　　　　　　　　　鱼子酱泡夫

hot passion fruit pudding（hot）　　　　热情果布丁（热）

cassata cake　　　　　　　　　　　　　　彩虹蛋糕

chocolate hazelnut torte　　　　　　　　巧克力榛子蛋糕

banana mousse cake　　　　　　　　　　香蕉慕斯蛋糕

german baked cheese cake　　　　　　　德式烤芝士蛋糕

caramel baumann cake　　　　　　　　　奶油焦糖蛋糕

raspberry Cake　　　　　　　　　　　　桑莓蛋糕

Chipolate Bavarios　　　　　　　　　　契普拉它蛋糕

3 kinds of ice cream　　　　　　　　　　3 种冰淇淋

fruit salad　　　　　　　　　　　　　　水果沙拉

cream brulee　　　　　　　　　　　　　法式奶油炖蛋

rainbow fruit jelly　　　　　　　　　　彩虹水果冻

gratin of fruit　　　　　　　　　　　　蛋黄焗水果

　　2. 商务自助餐

　　商务自助餐通常参加用餐的人数较多，在 100 人以上，最多可达 1000 人以上。用餐地点大都在酒店的宴会大厅举行，宴会大厅有舞台、音响、多媒体等设施为食客服务，商务自助餐菜单设计时应注意以下几点：

　　（1）严格按照餐标设计。商务自助餐的用餐标准是销售部门与宴请方协商后确定的，要根据酒店对菜肴成本的要求设计菜单，要保证收入与成本率成正比，既不能让酒店正常利润减少，也不能让食客吃不到物有所值的菜肴。

　　（2）根据举办方要求设计菜单。在设计菜单之前要与举办方沟通，询问是否有特殊要求、喜好、避讳等，如有穆斯林食客，就要出清真菜单。总之要按照主办方的意愿设计菜单。

　　（3）全面性。与前面章节提出的一样，要全面考虑设计品种，使原材料品种、烹调

西式烹调工艺（第二版）

方法、菜肴口味、色泽全面平衡。

（4）控制菜肴品种。由于商务自助餐用餐人数多，同时受场地限制，出品菜肴的品种不宜过多，而且要设计一些保存时间长不宜变形的菜肴，现场制作的品种也要限制在最小范围内。

（5）菜单展示。下面是一份商务自助餐菜单。

International buffet menu
国际自助餐菜单

Appetizer   开胃菜

assorted sashimi   什锦生鱼片

goose liver terrine with melba toast   法式鹅肝酱配薄吐司面包

spanish marinated mussel   西班牙式腌青口

quail egg with caviar   鹌鹑蛋鱼子酱

tropical fruit and seafood cocktail in glass bowl   热带水果海鲜杯

lobster and fruit salad cantonese style   粤式龙虾水果沙拉

assorted Chinese B.B.Q.platter   中式烧腊拼盘

（eel，pork ribs，duck，suckling pig）   （烤鳗、蜜汁排骨、烧鸭、烤乳猪）

marinated jelly fish head with vinegar   老醋蜇头

fresh asparagus and carrot with sesame seed   芝麻拌双笋（芦笋、甘笋）

Salad   沙拉

3 kinds of lettuce（green，red，iceberg）   3 种沙拉（绿叶、红叶、西生菜）

seafood salad Thai style   泰式水产品沙拉

chicken and pineapple salad   鸡肉菠萝沙拉

Japanese octopus salad   日式八瓜鱼沙拉

mixed bean salad   杂豆沙拉

cucumber and carrot salad   黄瓜、红萝卜沙拉

cherry tomato salad   樱桃番茄沙拉

German potatoes salad   德式土豆沙拉

tuna fish and pasta salad   吞拿鱼、意大利面食沙拉

mixed sausage salad   什锦香肠沙拉

Salad dressing   沙拉汁

Thousand Island dressing   千岛汁

182

Italian dressing	意大利汁
French dressing	法汁
vinaigrette dressing	基础油醋少司
Mexican salsa sauce	墨西哥辣味汁
yogurt and garlic dressing	酸奶蒜味汁

Condiments　　　　　　　　　　　　　　　配料

chopped onion，croutons，bacon bits，capers，almond slice，raisins，green olives，black olives，parmesan cheese，parsley

洋葱碎、烟肉碎、水瓜柳、杏仁片、葡萄干、绿橄榄、黑橄榄、芝士粉、芫茜碎

Carving station　　　　　　　　　　　　　切肉台

roasted black Angus rib eye with red wine sauce black pepper sauce mushroom sauce and béarnaise sauce

烤美国安格斯肉眼配以红酒汁、黑椒汁、蘑菇汁和班尼士汁

Soup　　　　　　　　　　　　　　　　　　汤类

chicken gumbo	鸡肉浓汤
sea cucumber and conpoy soup	瑶柱海参羹

Bread　　　　　　　　　　　　　　　　　面包类

assorted bread	什锦面包
portion butter	粒装黄油

Hot dishes　　　　　　　　　　　　　　　热菜

stir fried meat crab with dry chilli	香辣肉蟹
fried prawn meat ball with brown sauce	酱爆虾球
steamed groupa fish with soya sauce	清蒸石斑鱼配酱油
fried frog with tow kinds of pepper	双椒炒牛蛙
stir fried broccoli with preserved meat	腊肉炒西蓝花
fried "e-fu" noodle with shredded chicken	鸡丝伊府面
pan fried cod fish with teriyaki sauce	香煎银鳕鱼配以日式酱汁
beef fillet with green pepper sauce	煎牛柳配以青椒粒汁
grilled New Zealand lamb chop with morel sauce	煎新西兰羊排配以羊肚菌汁

rabbit stew in red wine sauce	红酒烩兔肉
potatoes and nuts croquette	炸果仁碌节薯
fried rice with seafood Thai style	泰式海鲜炒饭

Desserts　　　　　　　　　　　　　　　　　甜点类

passion fruit & mango cheese cake	热情果与芒果乳酪蛋糕
pistachio-praline cream cake	奶油开心果蛋糕
goats cheese and apple tart	山羊奶酪苹果挞
la feuillantine au mile	法式奶油巧克力夹心
almond orange syrup pudding	杏仁香橙糖水布丁
chocolate hazelnut torte	巧克力榛子蛋糕
strawberry and yoghurt mousse cake	草莓酸奶慕斯蛋糕
sacher cake	沙架蛋糕
fresh fruit tartlets	新鲜水果挞
macadamia nut pie	夏威夷果派
fresh fruit platter	新鲜水果拼盘

3. 主题自助餐

　　主题自助餐是围绕某一个主题，从装饰布置、音响到菜肴都围绕主题安排，高度强调主题特色，如情人节自助餐、圣诞节自助餐、感恩节自助餐、庆典自助餐、复活节自助餐、婚礼自助餐、美食节自助餐等。这种菜单的设计一定要主题鲜明。

　　（1）突出主题。无论是哪种主题，都要把最能突出其特点的菜肴设计到菜单里面，如感恩节的菜单里面一定要有烤火鸡和南瓜派及美国特色的菜肴。

　　（2）选用优质原材料。主题自助餐由于整体协调的环境、热烈的气氛、特色美食突出，通常销售价格要比常规自助餐和商务自助餐的价格高许多，所以就要求有较高的出品质量，设计菜单时要选用一些价格较高、质量较好的原材料制作菜肴，除特色菜肴以外要有优质牛排、羊排、龙虾、牡蛎等高档原材料。

　　（3）菜单展示。下面是一份某国际联号酒店的圣诞节前夜的菜单，里面包含圣诞节的传统菜肴：烟熏圣诞火腿、烤圣诞火鸡伴以栗子馅、蔓越莓汁、圣诞树根蛋糕、圣诞曲奇饼干、圣诞面包、朗姆酒煮鲜水果等特色饮食，以及世界各地美食。

Christmas eve dinner buffet menu（DEC 24TH 2011）

圣诞平安夜自助晚餐菜单（2011 年 12 月 24 日）

Appetizer　　　　　　　　　　　　　　　　开胃菜

assorted sushi　　　　　　　　　　　　　　什锦寿司

（California roll，tuna sushi with green leaf，unagi sushi，fresh salmon sushi with caviar）　（加州卷、苏子叶金枪鱼寿司、鳗鱼寿司、三文鱼腩鱼子酱寿司）

assorted sashimi（fresh salmon，jia ji fish，cuttlefish，tuna fish）　什锦生鱼片（新鲜三文鱼、加吉鱼、墨鱼、金枪鱼）

smoked Norwegian salmon with capers and onion ring　烟熏挪威三文鱼配以水瓜柳和洋葱圈

christmas gammon ham with pineapple chutney　烟熏圣诞火腿配以菠萝酱

Chinese B.B.Q.Platter（preserved bean curd chicken，honey pork rib，roasted eel，roasted goose）　中式烧味拼盘（南乳吊烧鸡、蜜汁排骨、脆烧河鳗、深井烧鹅）

Cantonese marinated meat platter（marinated duck，beef shank，bean curd，egg）　广式卤水拼盘（卤水鸭、牛展、豆腐、鸡蛋）

marinated jelly fish with three treasures　三宝拌海蜇

Hawaii lobster & fruit salad platter　夏威夷龙虾水果沙拉拼盘

chilled prawn pyramid with cocktail sauce　鲜虾金字塔配以鸡尾汁

Salad　沙拉

mixed lettuce（endive，butter lettuce，arugula）　什锦生菜（玉兰菜、奶油生菜、芝麻菜）

2 kinds of cherry tomatoes（red，yellow）　2 种樱桃番茄（红、黄）

cucumber　黄瓜

carrot and orange　胡萝卜和柑橘

Mexican mixed bean salad　墨西哥杂豆沙拉

Russian potatoes salad　俄式土豆沙拉

Christmas seafood salad　圣诞水产品沙拉

Italian pasta salad　意大利面食沙拉

German sausage salad　德式香肠沙拉

Salad dressing　沙拉汁

Thousand Island dressing　千岛汁

Italian dressing　意大利汁

French dressing　法汁

vinaigrette dressing　基础油醋少司

Mexican salsa sauce　墨西哥番茄辣味汁

烹调工艺（第二版）

Carving station 切肉台

roasted Tom turkey with chestnut stuffing，cranberry
sauce and gravy
烤圣诞火鸡伴以栗子馅、蔓越莓汁
和肉汁

roasted local sirloin with red wine，mushroom
black pepper and béarnaise sauce
本地西冷配以红酒汁
蘑菇汁、黑椒汁和班尼士汁

suckling pig with condiments 烤乳猪配以佐料

roasted Beijing duck 北京烤鸭

oven roasted pork neck 西式烤梅肉

roasted Chinese style chicken with spicy salt 盐焗鸡

Italian pasta station 意大利面食台

5 kinds of Italian pasta（spaghetti，penne，fussili，
macaroni，fettuccini）
5 种意大利面食（意大利面、竹节
面、螺旋面、通心面、宽面条）

condiments for italian pasta 意大利面食配料

（bolognaise，napoletana，cream sauce，Al pesto
sauce，parmesan cheese，bacon，ham，mushroom，
shredded onion，green pepper，black and green olive）
（肉酱、番茄汁、奶油汁、香草蒜
蓉松籽汁、芝士粉、烟肉、火腿、
蘑菇、洋葱丝、青椒丝、黑水榄、
青水榄）

Soup 汤类

spanish seafood chowder with cracker 西班牙海鲜周打汤配以饼干

double boiled shark's fin and chicken meat soup 鸡丝鱼翅羹

Hot dishes 热菜

grilled cod fish with teriyaki sauce 香煎鳕鱼柳配以铁板照烧汁

baked crab with ginger and spring onion 姜葱焗肉蟹

pan fried prawns with sweet & sour sauce 茄汁煎中虾

fried scallop & cuttlefish with celery and xo sauce XO XO 酱西芹炒花枝带子

medallion of beef with snail wine sauce 煎米打兰牛柳配以蜗牛酒味汁

fried pork ribs with garlic & chili 避风塘排骨

diced chicken with cashew nut and bell pepper 大红袍炒鸡丁

stuffed pork loin with prune and peach sauce 西梅酿猪柳配以黄桃汁

mashed potatoes 美味土豆泥

green vegetables with two kinds of mushrooms 双菇扒时蔬

186

| stir fried fresh corn with pine nut | 松仁玉米粒 |
| spanish seafood paella | 西班牙海鲜饭 |

Bread   面包类

assorted bread	什锦面包
Indian naan bread	印度面包
baked brown sugar bread beijing style	北京糖火烧
farmer bread	农夫面包
german laugen	德式碱水面包
french baguette	法棍面包
homemade stuffed roll with cream	自制奶油小圆包
assorted health rolls	健康什锦小圆包
portion butter	粒装黄油

Desserts   甜点

Christmas yule log cake	圣诞树根蛋糕
Christmas cookies	圣诞曲奇饼干
dark chocolate & white chocolate mousse cake	双色巧克力慕斯蛋糕
assorted berry pavlova	什锦桑子蛋白酥
honey crème caramel	蜂蜜奶油焦糖炖蛋
mini blueberry berliners	迷你蓝莓炸包
banana omelette	香蕉蛋卷
strawberry profiterols filled with vanilla cream	草莓香草泡芙
fresh strawberry mountain	新鲜草莓山
Sherry truffle	雪莉酒蛋糕
passion fruit and mango parfait cake	热情果芒果慕斯蛋糕
macadamia nut pie	夏威夷果派
fresh fruit tart	新鲜水果挞
Christmas stolen	圣诞面包
fresh fruit platter	新鲜水果拼盘

Hot desserts   热甜点

| mix fruit rum pot | 朗姆酒煮鲜水果 |

 烹调工艺（第二版）

十一、西式鸡尾酒会的菜单设计

鸡尾酒会对菜肴品种的要求相对简单，以西式小吃为主，如法式小点、西班牙小点、意大利小点等，但在亚洲，特别是中国，菜肴的品种和风味也产生了巨大变化。以往都是西式菜肴，以冷食为主，现在增加了各种制作方法的热菜菜肴，仅热菜的品种就有几十个品种，还增加了许多亚洲风味菜肴，如马来沙爹串、中式炸春卷、日式寿司、泰国虾饼等。许多高档的鸡尾酒会的菜肴品种基本和普通的自助餐品种不相上下，品种有冷菜、热菜、烫、主食、甜点、水果，应有尽有。

（1）菜肴品种简单。由于鸡尾酒会主要是社交一种方式，这就决定了它以沟通为主、吃饭为辅的特点，通常是在正餐之前举行，而且用餐时间较短，所以设计菜单时菜肴的品种不宜过多，一般情况下，冷菜6~8个品种，热菜4~6个品种，甜点4~6个品种就可以满足需求，但特殊情况例外。

（2）方便食客食用。由于鸡尾酒会都是站立用餐，食客无法使用刀叉等餐具，因此要求出品的菜肴要便于食客食用，体积要小，汤汁要少或没有，最好能直接用手拿着食用，热菜选用油炸、煎制方法，菜单里可重复出现这类菜肴。

（3）菜单展示。下面菜单是一份标准的鸡尾酒会菜单，以西式菜肴为主，有部分亚洲风味菜肴。

Cocktail party menu

鸡尾酒会菜单

Cold snacks	冷食小点
cream cheese & spinach canapés	奶油芝士菠菜小点
smoked chicken breast canapés	烟熏鸡胸小点
marinated prawn meat in endive	腌制虾肉玉兰菜小点
Parma ham & asparagus roll	帕尔玛火腿芦笋卷小点
smoked Norwegian salmon canapés	烟熏挪威三文鱼小点

Hot snacks	热食小点
Hawaiian mini pizza	夏威夷迷你比萨饼
India curry samosa	印度咖喱酥角
deep-fried fish finger with tartar sauce	酥炸手指鱼条配鞑靼汁
deep-fried crispy spring roll	香酥春卷
chicken & beef skewer with satay sauce	鸡肉和牛肉沙爹串
Japanese marinated chicken skewer	日式鸡肉串

Dessert   甜点

green tea mousse cake   绿茶慕斯蛋糕

Italian tiramisu in glass   意式奶酪蛋糕

sacher cake   沙架蛋糕

mini fruit tartlet   迷你水果挞

almond slice   杏仁条

mango mousse cake   芒果慕斯蛋糕

fresh fruit platte   新鲜水果盘

下面菜单是洲际集团的高规格的招待 VIP 客户的菜单，品种丰富，采用多种高档原料，涉及环球美食，是一个极高规格的鸡尾酒会菜单。

IHG road show dinner party menu

IHG 洲际集团晚餐鸡尾酒会菜单

Venue（地点）：Champagne Bar（香槟吧）

Person（人数）：150 persons（150 人）

Date（日期）：Sep. 15th 2009（2009 年 9 月 15 日）

Selection of fine canapés   各式精美冷食小点

cheese & spinach cream capés   奶油芝士菠菜小点

smoked chicken breast with gherkin canapés   烟熏鸡胸配酸黄瓜小点

marinated prawn meat in endive   腌制虾肉玉兰菜小点

Parma ham & asparagus roll   帕尔玛火腿芦笋卷小点

smoked Norwegian salmon canapés   烟熏挪威三文鱼小点

Action cooking stations   现场制作

sushi and sashimi counter（chef's freshly preparing）   刺身和寿司台

3 kinds of sashimi（salmon，tuna，squid）   3 种刺身（三文鱼，金枪鱼，鱿鱼）

3 kinds of sushi   3 种寿司

Teppanyaki grill station   日式铁板台

variety of Japanese grilled skewers（chicken，seafood）   各种日式串烧（鸡肉，水产品）

Teppanyaki beef tenderloin   铁板牛柳

Carving station   切肉台
grilled bone ham with honey mustard sauce   烤有骨火腿配蜂蜜芥末汁
Beijing duck and suckling pig carving station   北京烤鸭和烤乳猪

Seafood ice display   海鲜冰盒
cooked prawns with lemon wedge and cocktail sauce   煮虾配柠檬角和鸡尾汁
New Zealand oysters   新西兰生蚝
Scallops   夏威夷扇贝

Portioned salads   份装沙拉
Caesar salad with Anchovies and Croutons in bowl   碗装恺撒沙拉配银鱼柳和炸土司粒
Crab meat & fennel with lettuce variety in bowl   碗装蟹肉茴香生菜沙拉
mixed salads   什锦沙拉
smoked chicken & mango salad   烟熏鸡肉芒果沙拉
Mexican pork salad   墨西哥猪肉沙拉
Mediterranean seafood salad   地中海水产品沙拉
Waldorf salad   华尔道夫沙拉
fussili & fresh pesto salad   螺旋面和香草松籽酱沙拉
salami with olive salad   萨拉米香肠橄榄沙拉

Soup   汤
lobster bisque with XO cognac   干邑龙虾浓汤

Bread selection   精选面包
mini Ciabatta   迷你爵巴塔面包
Focaccia slices   意大利面包
Pretzel bread   啤酒面包
minced pork bread slices   肉松面包
butter，margarine and home made dips   黄油、植物黄油和自制蘸汁

Hot main dishes   热菜
Valdostana style stuffed chicken breast   意式蘑菇芝士酿鸡胸配马萨拉汁
Spanish lamb chop with anchovy butter   西班牙煎羊排配银鱼柳黄油
Thai slices of beef in green curry eggplant sauce   泰式绿咖喱茄子牛柳片

sautéed mixed mushrooms with herbs	香草蒜蓉炒蘑菇
grilled mackerel fillet，tomato aubergine sauce	煎马鲛鱼柳、番茄茄子汁
pan fried noodles with shredded chicken and bean sprout	鸡丝银芽煎面

Fresh cantonese dim sum selection	广式面点
steamed fresh shrimp dumpling	虾饺
steamed B.B.Q.pork bun	叉烧包
steamed pork dumplings "Chao zhou" style	潮州粉果
glutinous rice w/assorted meat in lotus leaf	荷叶珍珠鸡
baked egg tart	蛋挞
baked B.B.Q pork puff	叉烧酥

sweets and desserts	甜点
fresh fruit tartlet	鲜水果挞
chocolate and Cointreaux mousse in glass	杯装巧克力君度慕斯蛋糕
cappuccino brownies	卡巴奇诺布朗尼蛋糕
banana caramel tart	焦糖香蕉挞
iced raspberry souffle in glass	杯装冰冻桑子蓉舒芙蕾
cream brulee in cup	杯装法式奶油炖蛋
passion fruit and mango cheese cake	热情果芒果芝士蛋糕
sugar praline triangles	三角糖果
fresh fruit selection	新鲜切片水果

拓展与思考

（1）西式宴会设计的原则和方法是什么？

（2）西式宴会设计时要注意哪些方面的细节？

（3）西式宴会前台设计、组织管理的要点是什么？

（4）西式宴会后台厨房设计、组织管理的要点是什么？

（5）西式宴会菜单设计的原则和方法是什么？

主要参考文献

边疆，2006.中国西餐食品市场的发展对调味品的需求分析［J］.中国调味品，323（01）.

高海薇，2008.西餐工艺［M］.北京：中国轻工业出版社.

郭亚东，王美萍，2005.西式烹饪工艺与实训［M］.北京：中国劳动社会保障出版社.

郭亚东，2003.西餐工艺［M］.北京：高等教育出版社.

劳动和社会保障部，中国就业培训指导中心，2001.西式烹调师［M］.北京：中国劳动社会保障出版社.

李晓，2005.自己动手做西餐［M］.成都：四川科技出版社.

李晓，2009.西菜制作技术［M］.北京：科学出版社.

卢一，何江红，2012.雪域美肴：百味牦牛肉食谱［M］.成都：四川科学技术出版社.

吕懋国，李晓，2009.西餐知识［M］.长春：东北师范大学出版社.

马素繁，2001.川菜烹调技术［M］.成都：四川教育出版社.

史汉麟，刘岿，魏永明，2011.星级酒店精致西餐：冷开胃菜［M］.北京：化学工业出版社.

史汉麟，杨大成，郝杰，2011.星级酒店精致西餐：热菜［M］.北京：化学工业出版社.

史汉麟，郑旭莒，2011.星级酒店精致西餐：主食［M］.北京：化学工业出版社.

图珊·萨玛，2007.布尔乔亚饮食史［M］.广州：广东出版社集团花城出版社.

韦恩·吉斯伦，2005.专业烹饪［M］.大连：大连理工大学出版社.

阎红，2008.烹饪调味应用手册［M］.北京：化学工业出版社.

Culinary Institute of America，1991.The new professional chef［M］. 5th ed. Van Nostrand Reinhold.

Michel Maincent，1993.Cuisine de référence［M］. Paris：EDITIONS B P I.

Yannik Masson, Jean luc Danjou，2003.La Cuisine Professionnelle［M］. Paris：Delagrve EDITION.